数学与军事

汪 浩◎著

08

（珍藏版）

数学科学文化理念传播丛书（第二辑）

Mathematics and Military

大连理工大学出版社
Dalian University of Technology Press

图书在版编目(CIP)数据

数学与军事 ：珍藏版 / 汪浩著 . —2 版 . —大连 ：
大连理工大学出版社，2016.1(2021.3 重印)
(数学科学文化理念传播丛书)
ISBN 978-7-5611-8362-5

Ⅰ. ①数… Ⅱ. ①汪… Ⅲ. ①军事数学—研究 Ⅳ.
①E911

中国版本图书馆 CIP 数据核字(2015)第 120241 号

大连理工大学出版社出版
地址:大连市软件园路 80 号　邮政编码:116023
发行:0411-84708842　邮购:0411-84708943　传真:0411-84701466
E-mail:dutp@dutp.cn　URL:http://dutp.dlut.edu.cn
上海利丰雅高印刷有限公司印刷　大连理工大学出版社发行

幅面尺寸:185mm×260mm　印张:9.75　字数:139 千字
2008 年 7 月第 1 版　2016 年 1 月第 2 版
2021 年 3 月第 3 次印刷

责任编辑:刘新彦　王　伟　责任校对:田中原
封面设计:冀贵收

ISBN 978-7-5611-8362-5　定价:39.00 元

数学科学文化理念传播丛书·第二辑

编写委员会

写在前面*

一

20世纪80年代，钱学森同志曾在一封信中提出了一个观点，他认为数学应该与自然科学和社会科学并列，他建议称之为数学科学。当然，这里问题并不在于是用“数学”还是用“数学科学”，他认为在人类整个知识系统中，数学不应该被看成是自然科学的一个分支，而应提高到与自然科学和社会科学同等重要的地位。

我基本上同意钱学森同志的这个意见。数学不仅在自然科学的各个分支中有用，同时在社会科学的很多分支中也有用。随着科学的飞速发展，不仅数学的应用范围日益广泛，同时数学在有些学科中的作用也愈来愈深刻。事实上，数学的重要性不只在于它与科学的各个分支有着广泛而密切的联系，而且数学自身的发展水平也在影响着人们的思维方式，影响着人文科学的进步。总之，数学作为一门科学有其特殊的重要性。为了使更多人能认识到这一点，我们决定编辑出版《数学・我们・数学》这套小丛书。与数学有联系的学科非常多，有些是传统的，即那些长期以来被人们公认与数学分不开的学科，如力学、物理学以及天文学等。化学虽然在历史上用数学不多，不过它离不开数学是大家都看到的。对这些学科，我们的丛书不打算多讲，我们选择的题目较多的是那些与数学的关系虽然密切，但又不大被大家注意的学科，或者是那些直到近些年才与数学发生较为密切关系的学科。我们这套丛书并不想写成学术性的专著，而是力

* “一”为丁石孙先生于1989年4月为《数学・我们・数学》丛书出版所写，此处略有改动；“二”为丁先生为本丛书此次出版而写。

图让更大范围的读者能够读懂，并且能够从中得到新的启发。换句话说，我们希望每本书的论述是通俗的，但思想又是深刻的。这是我们的目的。

我们清楚地知道，我们追求的目标不容易达到。应该承认，我们很难做到每一本书都写得很好，更难保证书中的每个论点都是正确的。不过，我们在努力。我们恳切希望广大读者在读过我们的书后能给我们提出批评意见，甚至就某些问题展开辩论。我们相信，通过讨论与辩论，问题会变得愈来愈清楚，认识也会愈来愈明确。

二

大连理工大学出版社的同志看了《数学·我们·数学》这套丛书，认为本套丛书的立意与该社目前正在策划的《数学科学文化理念传播丛书》的主旨非常吻合，因此出版社在征得每位作者的同意之后，表示打算重新出版这套书。作者经过慎重考虑，决定除去原版中个别的部分在出版前要做文字上的修饰，并对诸如文中提到的相关人物的生卒年月等信息做必要的更新之外，其他基本保持不动。

在我们正准备重新出版的时候，我们悲痛地发现我们的合作者之一史树中同志因病于上月离开了我们。为了纪念史树中同志，我们建议在丛书中仍然保留他所做的工作。

最后，请允许我代表丛书的全体作者向大连理工大学出版社表示由衷的感谢！

丁石孙

2008 年 6 月

目　录

一　数学,战争,数学

1.1　古代战争与近代战争

翻开人类的历史,里面记录了大大小小各种战争.假如写一本从古到今的战争史,我们可以追溯到远古时代.随着人类文明的进步,武器在不断地进步和发展,相应的,战争的样式、规模、参战人数……也不断地发生着惊人的变化.

今天,我们已经不可能目睹古代战场上的厮杀场面,假如有,也只能从电影或电视画面中去了解.然而,其中有大量的情景是编剧、导演、演员们创造的,它们与战争的实际情况往往相差甚远.但有一点可以肯定,在第二次世界大战以前,绝大多数战争,不论是使用冷兵器,如刀、枪、剑、戟、弓、箭、斧、钺……还是使用火器,如火药枪,进而来复枪、机枪、冲锋枪,乃至大炮、飞机……都是以士兵之间的直接格斗、厮杀、射击等为战斗的主要手段.我们看到的一些描述抗日战争的影片,如《狼牙山五壮士》,还有不少伏击或肉搏的镜头.虽然这时的战争已经十分复杂,指挥员面对震撼人心的战斗常常感到困惑.然而,那时的战场主要限于地面,所遇到的情况也没有现代战争中的复杂.

第二次世界大战可以说是由近代战争向现代战争转变的重要过渡.新式武器愈来愈多,性能也越来越好,毁伤能力成倍、成几十倍地增长……这一切都使战争的形式、面貌、涉及的战斗区域发生了巨大变化:战斗已由过去的密集队形变成疏散队形;战场也由地面发展为地面—空间、海面—空间、地面—海面—海面下—空间;而战斗却由士兵的射击、冲锋逐渐被大炮轰击、坦克冲锋和空中支援所代替.过去一个军长、师长所统率的部队和拥有的武器种类都比较单一,现在所统率的部队，兵种繁多，武器装备也复杂多样．战斗开始以后，战场形势瞬息万变．如果说，过去的军官或指挥员很勇敢，不怕死，在向敌人发起冲锋时，自己身先士卒，高举着手枪，口里大喊“跟我来！”便能凭着这一队士兵的旺盛斗志和精湛的个人军事技术，在双方格斗中取得胜利，那么，在今天的现代化战争中，他们便落伍了．今天的指挥员面对的是一个巨大的复杂的系统——战场涉及地面、空中，甚至太空，种类繁多的各种武器装备：坦克、大炮、飞机、直升机，各类近程、中程、远程导弹，各类电子通信侦察、传感、干扰设备，甚至于化学武器、生物武器、核武器……的系统，指挥员不但要注视战斗的前沿，而且还要注视着区域辽阔的纵深，乃至于战斗的后方．指挥员手下有各种不同的技术兵种，在战斗中他们应该在指挥员的指挥下协同作战，彼此之间的战斗行动要协调得像一个人一样．所有这些，必须依靠科学的方法才有可能办到，而数学方法和电子计算机等科学工具自然是必不可少的．

讲到数学在军事尤其是战争中的作用，古代的军事家其实早有认识．他们很提倡用数量来描述和分析战争．我国古代春秋末期的伟大军事家孙武在他所著的世界上最早的军事著作之一的《孙子兵法》中说过：“知彼知己，百战不殆．”怎样做到这一点呢？当然是要分析敌我双方形势，做出计划、策略．所以他又说“夫未战而庙算胜者，得算多也；未战而庙算不胜者，得算少也．多算胜，少算不胜，而况于无算乎？”怎样分析形势，特别是战场的形势呢？他又说：“兵法，一曰度，二曰量，三曰数，四曰称，五曰胜．地生度，度生量，量生数，数生称，称生胜．”他这段话的意思是：指挥官应该了解敌我双方进行交战时的战场所占的地域（空间），度就是计算双方所占据的战场区域的（面积）大小．再根据所占地区的大小，估量它能容纳多少部队，进一步还可以估计它能提供多少人力、物力．“数”就是计算双方部队的人员、武器，以及能动员的人力、物力的数量．“称”就是根据上面所得来比较双方力量的优劣．通过这种力量的分析对比，便可判断哪一方有获胜的可能．在这本经典著作中，孙子还总结了历史上许多战例，得出了欲取胜的兵力的比例，他说：“用兵之法，十则围之，五则攻之，倍则分之，敌则能战之，少则能逃之，不若则能避之．”这些都是十分宝贵的经验．但这些经验都是通过流血的战争才总结出来的.

人们多么渴望能尽量少流血而获得战争规律的认识啊！这种愿望终于在20世纪初出现了比较大的突破.1914年,英国的工程师兰彻斯特(F. W. Lanchester)发表了关于战术范围内战斗的数学模型的论文,第一次采用微分方程的工具分析了数量优势与胜负的关系,定量地论证了《孙子兵法》中提出的集中使用兵力的正确性,并预见了战斗中可能出现的问题.他建立的兵员耗损的方程,被称为兰彻斯特方程,一直得到人们的重视和研究.人们曾经研究过数百个历史上的战例,都说明了兰彻斯特方程的科学性.

1.2 第二次世界大战的启示

第二次世界大战是人类历史上迄今为止规模最大的一次战争,其交战国之多,战场地域之广阔,战斗时间之长,死伤的人数之多,人类财富损失之严重,都是无与伦比的.虽然大战已经结束40多年了,许多人谈起它来仍然心有余悸.

面对这样一场规模庞大、异常复杂的战争,不但指挥员要绞尽脑汁,还动员了众多的科学家来帮忙.科学家们研制了许多新式武器,如雷达、火箭、飞弹(后来发展成各种类型的导弹)、原子弹……但同时也带来一个问题:如何操纵或使用这些武器和装备,才能最好地发挥它们的战斗效益?

一个最为典型的例子,就是为了有效地发挥雷达系统的功能而建立的作战研究小组——一个被称为勃拉凯特杂技团的小组.原来,在第二次世界大战前夕,英国面临着如何抵御德国飞机轰炸的问题.当时德国拥有一支强大的空军,英国是岛国,国内任何一地离海岸线都不超过一百公里,而这段距离,德国飞机只需飞行17分钟.假如英国空军在德机飞临英国的海岸线上空时才发出警报,并派出飞机起飞、爬高,再进行拦截,这些动作必须要在17分钟之内完成.这在当时的技术条件下是很困难的.能不能更早地发现敌机呢?1935年英国组成了防空委员会,并由沃森-瓦特(R. Watson-Watt)领导在1935年于英国东海岸建立起世界上第一个试验性雷达系统.然而,为了拦截敌机,仅有雷达系统是不够的,还必须研究和制造一套信息传递、信息处理与显示的设备.只有这些设备配套成功才能发挥武器系统的功能.这就促使英国雷达研究单位建立了世界上第一个有组织的、自觉地把各类专家组合在一起的跨学科小组.1940 年 8 月,以物理学家勃拉凯特(P. M. S. Blackett)为首组成了一个 12 人的小组,目的是帮助防空部队研究高炮阵地的瞄准雷达,如何最好地使用雷达设备.这个小组叫作作战研究(Operational Research)小组,我们把它译作运筹小组.小组的成员包括数学家、物理学家、测量专家、生理学家和军官.由于是跨学科的,所以有人戏称它为勃拉凯特杂技团.有了这个小组的努力工作,英国的防空预警雷达系统才充分地发挥出它的功能.

勃拉凯特小组给人们以启发,许多国家的军队都纷纷组成各类跨学科的小组,研究各种军事活动中的问题.于是一门新的数学分支就这样在第二次世界大战中诞生、发展了.这就是运筹学(Operation Research).

第二次世界大战中另一个巨大的特点是需要有强大的后勤系统的支持,大量的武器装备、各种弹药、各类军需物资的生产、管理、维修、分配、运输、贮存……也需要大量的数学家和统计学家.

大家都知道,在第二次世界大战后期美国成功地制造了原子弹.研究制造原子弹,固然离不开物理学家,当时有费米(Fermi)、奥本海默(Oppenheimer)等著名的物理学家,然而,在研制过程中,需要进行大量的数据处理与计算.那时只有手摇或电动(仍然是机械的)的计算器,大量的计算人员夜以继日地工作.能不能研制出更先进的计算工具呢?数学家冯·诺伊曼(John von Neumann)受命领导了这项工作,于 1946 年研制出世界上第一台电子计算机——ENIAC,它每秒钟能进行 5000 次运算.虽然从现代的眼光看,这是一台体积庞大、效率很低的机器,但它的出现却给科学和技术带来了巨大的冲击和革命.今天,电子计算机使用之广,已经使我们的生活发生了变化,同时也使武器装备系统产生了巨大变化."智能型"的武器的问世,对人类来讲,已经不再是幻想了.

第二次世界大战中发生的这些事告诉我们,数学已经深深地渗透到军事活动的各个环节,许多数学家为赢得那次战争做出了重大贡献.至于到了今天,各国军队拥有更为先进的武器的情况下,数学和数学家的作用更是不容忽视.

1.3 现代战争涉及的数学问题

自从第二次世界大战结束到现在,已经度过了几十个春秋,然而,在这个星球上,战火仍然接连不断,著名的如中国人民的解放战争、朝鲜战争、越南战争、中东战争、两伊战争等等.由于科学技术的迅速发展,大量的新式武器不断地出现在战场上.而每一种重要的新式武器的出现,几乎立即是强制性地引起作战方式的改变.一些兵种缩小甚至于消失了,另外一些新的兵种正在崛起.例如,曾在战场上驰骋的骑兵,已在许多国家的军队中消失了,而以前尚不曾有过的导弹部队,现在已成为美、苏等军事强国的一支重要军事力量.这些变化就使得现代战争具备了许多与过去的战争不相同的特点.此外,一场战争,即使是较小的局部战争,也往往会给一个国家或地区带来历史性的变化.这就不仅是军事家的事,往往更为政治家以及广大人民所关注,同时,这里面蕴藏着大量的数学问题.

我们无法列出现代战争的所有特点,但在此可列举一些能引起数学家关心的一些特点和问题.

新式武器的频繁出现,引起了一场军备竞争.我们能否从数学的角度分析这类军备竞争的规律?确实,有人从控制论的角度,采用微分方程或微分对策的方法来探讨这类问题.

由于新式武器的出现,常常使一些刚刚研制成功或刚装备给部队的一些武器变成“过时”的东西,比如,第二次世界大战后,美国生产的重型轰炸机 B-29 已达上千架,但由于苏联的导弹技术的突破,使得 B-29黯然失色,结果这些飞机只好退役报废.所以,为了取得军事优势,一旦武器“过时”,就应研究制造新的武器来取代它,然而这已经产生了不可避免的人力、物力、财力的浪费.为了避免浪费,就应在研制之先对研制何种武器进行论证.这涉及武器的性能指标、技术的可行性、使用效率、武器的寿命周期、费用分析等等.因此,这里不但有军事家的工作,也需要采用大量的数学方法,尤其是运筹学的方法进行论证.

有一些武器研制出来之后需要进行试验.然而,许多试验是很昂贵的.例如洲际导弹的试验就是如此.能否尽可能减少试验的次数,但却能获得必要的技术性能指标的数据?有两种方法.其一,是从数学上研究如何分析“小子样”的试验的理论;其二,是利用电子计算机这个工具,建立关于武器性能的数学模型,在计算机上进行模拟;当然,这里要运用数学中的统计学的知识.

当一个国家在发展自己的武器时,其他国家也在发展新武器,尤其是假想敌对国家的武器发展更可能对自己国家的安全造成威胁.因此,做出武器发展前景等方面的军事预测,是十分重要的.

不单是对武器发展要做预测,政治家和军事家更关心的是国家或地区间可能发生冲突的预测.例如,20 世纪 60 年代的古巴导弹危机、20 世纪 70 年代的马尔维纳斯群岛的英阿之战,或新的中东冲突……我们能否为这些政治家、军事家们分析一下冲突的可能前景及应该采取的策略?这就会用到对策论(Game Theory),这是一门数学,是研究带有矛盾、冲突等等因素的现象的数学理论.

在作战过程中,交战双方采取什么策略呢?许多国家都对自己的作战方针与假想敌在交战时可能遇到的情况进行模拟,据以制订应付各种战斗的方案.在英阿之间的马岛战争中,英国能在三天之内派出由 40 多艘舰船组成的特混舰队,反映出英国具有很强的应变能力.这是英国能迅速取胜的原因之一.一个军队能够适时、快速、果断地进行决策,原因当然很多,但能预先制订有应变的作战方案是其原因之一.而进行模拟,一般是要建立可能会出现的战斗的数学模型.这会用到兰彻斯特方程的理论、各种数学规划方法以及统计学的方法,当然,还要用到计算机科学中的若干技术,如专家系统、人工智能等等.

人们常常议论核战争,但除去 1945 年 8 月美军在广岛和长崎分别投掷一枚原子弹之外,迄今为止尚没有哪个国家使用过核武器,当然也未出现在战场上的核对抗.然而,究竟会不会发生核战争?一旦发生核战争又会是什么样子?有些科学家预言核战争之后,由于大量的核烟尘悬浮在云层,遮蔽着阳光,会使地面温度急剧下降,形成所谓“核冬天”.这种情况的估计是否有些耸人听闻?这是一些科学家通过试验和用数学方法模拟而得出的结论.尽管这是很有争论的结果,但也引起了许多科学家、政治家的重视.

一旦进行核战争，其破坏威力之大使人会谈虎色变. 在美国独家垄断核弹时，美国曾到处用它作为进行讹诈和威慑的武器. 在美、苏双方都拥有很多核武器、并能互相毁灭若干次之时，便有一个核目标的分配问题：到底是打击敌方什么目标才最有效？怎样把有限的核弹头分配到你需要打击的若干目标上去？在保存有第二次打击力量时，又该采取什么策略？这类讨论目标的选择与分配的数学工具，往往是整数规划或其他的数学规划方法.

目前，世界上的许多战争都是常规战争. 这是一种耗费大量武器弹药和各种军需物资的战争. 以中东战争为例，在 1973 年第四次中东战争中，埃及和叙利亚在与以色列作战中，几乎完全依靠苏联的支持来补充、修理武器装备及其配件. 开战后两天，以色列也开始从美国空运供应品，到接近停火时(由 10 月 6 日至 10 月 27 日)，苏联空运物资约 15000 吨，美国空运物资 20000 吨以上. 这还不包括双方各自经由地面道路直接运送到前线的弹药及军需物资. 据估计，一个摩步师进攻时，日耗弹药量将达 1000 吨，一个集团军达 8000 吨. 因此，现代战争中缺少强大的后勤保障和技术保障，就将坐等挨打，束手待毙. 这样一来，我们面临着对军需品生产的组织、管理、贮存、运送等问题. 这里就要用到图论与网络、数学规划、库存理论等知识.

武器弹药生产多少为好？常规弹药是部队中的大量消耗的物资，生产多少为好？生产量过多，若在平时，有些弹药可能因来不及消耗而贮存时日过久而失效，变成废品，形成浪费；但若生产量减少，却可能由于突发性的战争的爆发需要大量弹药而形成需求紧缺. 因此，这是一个有折扣的、有随机性急剧增长需要的贮存问题. 这需要使用研究随机过程的数学工具进行讨论.

对于战略性武器，却可能由于新武器的出现而面临淘汰的危险. 因而生产多少为好，也是一个值得讨论的问题. 这里涉及一个武器寿命的预测问题，武器的效能与费用的比值分析问题.

由于现代战争的复杂性，高机动性，战场情况瞬息万变，指挥员要指挥战争需要了解大量的信息. 然而怎样处理这大量的情报和信息呢？美军最早在考虑防空问题时，曾提出把雷达系统、机场和指挥部联系起来的通讯、指挥系统，即 C^2 系统，发展成为 C^3I 系统，即指挥

(Command)、通讯(Communication)、控制(Control)及信息(Information)的自动化系统.苏军称这样的系统为指挥自动化系统.这里需要信息理论、编码理论、随机网络、可靠性理论、控制论、决策理论、人工智能等等数学与计算机科学的知识.

交战双方之间的战争可能因旷日持久而感到负担过重,希望停战.但何种情况下停战为好?例如两伊战争,双方打了八年,损失都十分惨重,终于同意停战.若用数学方法来进行讨论,就是最优停止问题.我们可以采用随机过程的方法或随机对策的方法进行讨论.

现在,国际形势比较缓和,裁军谈判受到世界各国的重视.参加谈判的各国代表采取什么策略呢?这显然是一个典型的谈判对策的问题,而谈判是对策论(Game Theory)中的重要组成部分.

在第二次世界大战期间,德国用潜水艇与英美对抗,不断袭击英美的军舰与商船.在碧波万顷的茫茫大海之中,德国的潜水艇神出鬼没,曾经给英美以重大打击.英美海军面临着如何有效率地搜索德国潜艇的问题.这类问题的解决引导人们建立了一个新的数学分支——搜索论(Search Theory).这一理论也可用于今日的恐怖活动与反恐怖活动的斗争,还可用于搜索敌方零星渗入的特种部队的斗争.

在军事活动中,如何评价一些行动的效益?由于这里充满了许多不确定因素,同时也由于对于行动的认识的差异而带来的执行中的差异,我们以为模糊数学在这里是大有可为的.

我们还可以列举出大量的军事活动中的数学问题.所有这些问题充分说明数学方法已经深深地渗透到军事科学之中.在这本书里,我们将会比较详细地阐述其中的一些问题.

1.4 高技术与现代武器

笔者小的时候读过《封神演义》,曾经十分钦佩作者的丰富的想象力.书中的英雄豪杰、道长、仙姑、妖魔、天神,都有一些神奇的法宝作为武器.当今,由于不断地采用最新的科学技术成就,在相当大的程度上,在封神演义中描述过的许多武器已成为现实(尽管这些武器的研制者未必读过这本神怪小说).

在目前的战场上,除去传统的武器(如自动步枪、机枪、各种火炮、坦克、飞机)之外,还有直升机、各类导弹、化学与生物战剂、核潜艇、核武器,还可能出现定向能武器,智能武器……一直到美国提出的“星球大战”计划中的各种武器装备;交战双方的战斗空间,已由过去的一个狭小的局部地区扩展为地面—空中—水面—水下—空间(指太空),而且也不再明显区分前沿阵地与后方.例如,两伊战争中,双方就是在前沿的对峙情况下发展了袭船战、袭城战.只是封神演义中的土行孙的地行术尚未出现而已.所有这些武器的出现,大大地改变了战争的作战方式.

在众多的新武器或即将出现的新武器中,我们想谈谈几类武器,它们都与我们通常谈到的高技术有密切关系.

一类是“自动寻”武器.在1982年英阿马岛之战中,精确制导武器发挥了令人注目的作用.历时两个月的交战中,双方共损失114架飞机和10艘船,其中半数以上是被“灵巧”武器击中而丧失战斗力的.其中英国的“谢菲尔德”号驱逐舰是一只价值5000万美元、装备十分先进的军舰,但却被成本仅为几十万美元的中程导弹一举击沉.这充分显示了精确制导武器的成本-效益性能.这类灵巧武器或“自动寻的”武器本身,都装备有电子设备,它可以探测或接收到所要袭击目标的电磁辐射、热辐射或声音,进行识别和跟踪目标,直到最后击中目标.为了对付这类灵巧武器,被攻击的目标当然也会采取许多措施来进行防御.这类防御措施大体分作两类,其一是建立主动的重点防御体系:在自己可能受到攻击的前方设置重点的拦截防御区域,采用飞机、导弹或其他方式甚至常规的火炮搜索与击毁前来进攻的灵巧武器.另一种方法是被动对抗措施,这些包括规避机动动作,对进攻兵器的雷达或传感器实施电子干扰,位置不固定的红外诱饵,或施放干扰箔条,使对方的武器攻击失效.这样,就引起了两个方面的发展:第一是对导弹本身及发射指挥系统进行改进,使之具有更强的探测、识别与跟踪的性能.它能规避对方武器的拦截,能够较好地识别真假目标,能够有效地进行目标跟踪,并达到击毁目标的目的.要做到这一切,就要赋予武器以“智能”,使武器在接收到所得的各种信息之后,能进行有效的分类、识别、处理,得出较正确的结论,“自动地”做出决策,跟踪和打击目标.这种智能型武器必须要有超小型、高性能的计算机并配置有完善的软件作为它的支持系统才能实现.其实,不只是导弹的智能化,智能飞机、智能坦克、智能火炮、智能军舰都会根据人们的需要而设计出来.这里有许多工作是需要应用数学方法才能完成的.从理论上讲,为了探测、识别敌方的各类辐射源(电磁、光、热、声等等),我们要研究与解算各类波的传播方程——它们都是很复杂的偏微分方程——这常常需要很复杂的数学工具——经典的偏微分方程理论、算子理论等等.在作数值解算时,需要计算方法与计算技巧在对所得信息进行处理的时候,要除去不必要的各类干扰信息,这需要滤波理论,以及其他理论.根据所得的"正确"信息进行武器本身行动的决策时,需要专家知识、经验和必要决策规则与逻辑推理,而这些工作中,很大一部分是要用到决策理论等数学方法的.

另一类是定向能武器,目前主要指激光武器.高能激光能很快地在一块相当厚的金属板上烧穿一个洞.激光的这种能力自然会使人们设想把它作为一种作战武器.人们设想中的激光武器可能是一种"射线枪",一旦扳动扳机或揿动按钮,一束激光便会对准前来进攻的导弹、飞机或其他目标,并在瞬间将其摧毁.由于激光束以光的速度传播,因此不存在比它跑得更快或逃避它的可能性.人们已经在受控条件下进行了试验,用激光束击毁过小型的遥控的靶机.正因为它有如此的潜在性能,一些人认为,高能激光具有摧毁飞行中的洲际弹道导弹的潜力.美国前总统里根提出的"星球大战"计划中,也把激光武器作为一个重要的组成部分.当然,把激光作为武器至少在十年内还不会成为现实,因为这里实际上还存在许多困难,如激光束的远距离传播中的许多物理学的困难,还有就是实现它的技术困难与费用昂贵等等.虽然如此,由于激光武器与普通武器相比有三个特点:(1)它是以强电磁波束的形式向目标发射破坏性能量,而不是像传统的炮弹或导弹利用爆炸物;(2)它是以光速发射,而超音速导弹的速度仅为 1~2 公里/秒;(3)激光束必须直接命中目标才能击毁目标,而普通的爆炸弹头在相当远的距离——在它的有效杀伤范围内仍能奏效.因此,在使用激光武器时必须对目标位置的探测误差小于目标的最小尺寸,而且激光武器必须以同样精度瞄准目标.正因为如此,人们现在只是设想把它安装在沿地球轨道运行的卫星上,使之对于敌方的洲际导弹或卫星进行攻击. 当然,也可设想装在飞机、舰船或地面上. 不过,这都需要有一套昂贵的支持系统与之匹配.

可以设想,这套激光武器系统应具有以下的功能:系统必须能探出目标并把它与可能出现的诱饵或背景中的其他物体区分开,即探测的识别. 系统要把激光束对准目标,跟踪其运动并发射光束使之穿过系统与目标间的介质而射击目标. 在发射之后,系统要确定目标是否被击中,如未命中目标,系统就应确定激光束脱靶的程度与方向,进行纠正并再次射击,击中后应确定目标是否被摧毁,若未摧毁,应再进行射击直至摧毁. 同时,系统还应向指挥所报告射击状况. 显然,这些要求对系统来说是十分苛刻的. 首先,保证精度就很困难,这里不但有对激光物理的研究,而且还有许多技术性问题. 当然也需要控制理论和其他数学方法.

由于美、苏手中的核武器以及其运载工具越来越多,20 多年来,美、苏双方都变得容易遭受对方的初次打击或二次打击等等形式的毁灭性的核攻击,双方都为之小心翼翼. 虽然如此,军备竞赛仍未停止. 在这种情况下,美国前总统里根提出了"战略防御计划"(SDI)——也即通常人们所说的"星球大战". 提倡者倡言,"战略防御计划"的最终目的是消除核弹道导弹带来的威胁. 这种防御,要求在敌方的核弹头的运载装置飞往其目的地的途中,就将后者摧毁或使其丧失作战能力. 这当中可能使用的武器有激光、粒子束、电磁炮等等. 各种武器组成四层拦截系统,即在敌方导弹飞行的四个阶段[(1)助推阶段;(2)助推后阶段;(3)中途阶段;(4)最终阶段]中的每个阶段都对之进行攻击. 设想的 SDI 计划是在这四个阶段多次使用拦截武器,并务必使之摧毁. 因之在每一层内,防御系统都必须成功地发现目标并跟踪它,然后才能将其摧毁. 由于在不同的阶段是用不同的武器向对方的飞行物——导弹进行攻击的,这就需要有计算机和适当的软件来协调防御作战并评价其效率. 这个协调过程称为作战控制. 可以设想,在每一层的防御系统中,必须有一个用于作战控制的计算机和软件负责这一"局部"的工作,而每一层控制系统则又通过全球作战控制系统与其他层连接起来. 指导某一层内的作战控制的软件应该控制该层的各类探测器和各类武器,这些探测器能确定目标所处的位置并且跟踪目标,同时也能识别目标的真假.必要时,应产生一个"跟踪档案",它储存着关于每一个目标的所有已知信息.通过软件将跟踪档案中的信息与已有武器和已经编好程序的作战规则协调起来,并能调配本防御层中的防御力量.全球作战控制系统将不断地对来攻击的行动进行评估并确定作战行动和策略.为了使下一层的防御系统能提前做好攻击准备,全球系统应将在当前阶段所获得的跟踪信息传递给下一层的防御系统中去.由此可见,这个"战略防御计划"中的关键,在一定程度上是关于控制这一防御系统的软件.不难设想,编制这个庞大系统的软件,将是一项十分艰难、繁重、巨大的工程.

可以设想一下编制软件会遇到什么问题.首先,软件研制者应该能设想或预见每一种偶然情况,并据此确定软件应该做出什么反应,有时,甚至电子线路的故障也可能引起一场虚惊.1980 年 6 月 3 日,北美防空联合司令部报告说,美国正受到导弹攻击,但事后发现,这是由于计算机电路发生故障引起的;又如,英国的"谢菲尔德号"军舰沉没的原因是因为该舰的雷达预警系统所用的程序,将阿方的"飞鱼式"导弹列为"友弹",因为在英军的武器库中确有飞鱼导弹,这样,预警系统便放过了敌方(阿根廷)的这枚自动寻的导弹,结果导致英舰被击沉.另一个问题是软件可能出错.因此,如何发现软件错误和纠正软件错误,这也是软件工作者的任务.随之而来的便是系统的软件在执行过程中的可靠程度的估计问题.

这种系统的软件过于庞大,那么,怎样评价系统软件的性能和效率?编制软件时,可能是按现在已有的战术技术原则编制的,假如这种战术原则变化了,那么系统软件有无适时的调整或应变能力呢?假如做这种改编,会不会导致与原先的程序相矛盾的地方,而最终导致整个软件系统的破坏?编制的软件都是在尚未实现的环境和没有大规模实战经验条件下运算成功的,这也是值得认真讨论的问题.这给数学工作者和软件研究人员提供了大量的研究课题.

高技术用于军事系统或国防科学技术的例子,绝不止上面所举的这一些.许多高技术的发展,常常使用了大量的数学工具,并还会提出大量新的数学问题.这就是为什么会有为数众多的数学家在国防部门工作的原因.

1.5 为了反对战争，必须研究战争

经受过战争折磨的人，无不厌恶战争，诅咒战争.的确，一场战争，不知有多少人家破人亡、流离失所.一曲“我的家在东北的松花江上……”常常使我们想起抗日战争时一家家妻离子散、离乡背井、逃奔他乡的凄惨的流亡生活.战争太悲惨了！任何一个有正义感的、热爱生活的人都坚决反对战争这个怪物.

但是，世界十分复杂，许多地方的矛盾冲突十分尖锐，战争有时成为不可避免的事情，成为解决矛盾的最高手段.事实上，第二次世界大战以后，世界各地的局部性战争此伏彼起，从未间断过.当然，这里有许多战争是一部分被压迫的民族或国家为了求得解放而进行的正义战争，但相当一部分是大国欺侮小国的侵略战争.我们当然要旗帜鲜明地反对任何侵略战争.

怎样反对战争，维护世界的和平和安宁？最好的办法便是研究战争的规律，研究战争的各个方面.懂得了战争的起因，懂得了它的规律，懂得了战争带给人类的灾难，懂得了战争是怎样打的，我们就可以制订策略制止战争、反对战争和消灭战争.古今中外都有许多科学家为了反对战争、为了保卫自己的祖国而参加战斗的故事.如中国春秋时代的墨翟、欧洲古代的阿基米德(Archimedes)，等等.在第二次世界大战中，在中国和在外国，都有许多科学家为了反对法西斯的侵略而投身到国防科学技术的研究工作中去，为保卫和平而忘我工作.这里面当然包含许多数学工作者的努力.我们这本小书就是想从军事与数学之间的关系，数学对军事科学渗透这个角度来进行讨论，以期引起对热心保卫和平的数学工作者的兴趣，并使用自己手中的工具来保卫和平.我们也期望引起军队中广大军官和战士的兴趣，让他们了解数学在军事中是如何应用的，引起他们对这方面的研究，以便把自己手中保卫和平的武器磨得更加犀利.

二　怎样用数学方法描述战争

2.1　每个司令官都希望能预测战争的胜负

任何战争都是十分残酷的. 交战双方都有惨重的伤亡，人民的生命、财产受到极大损伤，国家元气大伤. 两伊战争进行了八年，双方共耗费了8000亿美元. 沉重的负担给两国人民带来贫困和灾难. 所以，交战国的元首、两支交战部队的指挥官都会慎重考虑：一旦开战，其后果如何？我方是胜利还是失败？其代价是什么？其实，不光是国家的元首、军队的指挥官希望能预测战争的胜负，每一支军队里的战士、交战国的人民又何尝不希望知道战争的前景呢？所以，在抗日战争初期，毛泽东同志的《论持久战》一书对战争所做的预言，其历史意义之重大，便可以想见了. 孙子曰："兵者，国之大事，死生之地，存亡之道，不可不察也."

然而，影响战争胜负的因素太多了. 两国之间的战争与国际形势、国家的实力有关，也与国内的民情有关；作战时，和战场的气候条件有关，也和地形地貌有关；当然，与指挥官的军事素养、指挥艺术、两军的兵士数量、使用的武器装备、训练情况、纪律、士气，以及后勤保障、通讯联络等等均有密切关系；自然，也和双方采取的战略有关. 这些都应该进行比较研究，才有可能取得胜利，所以，作战之前进行研究比较、有针对性地制订作战方针，是很重要的. 孙子曰："夫未战而庙算胜者，得算多也；未战而庙算不胜者，得算少也. 多算胜，少算不胜，而况于无算乎？吾以此观之，胜负见矣."

虽然如此，但是在战争开始之前或战斗刚开始之时便能预见战争（或战斗）的胜负，究竟还不是易事. 无怪乎人们对于诸葛亮在隆中之时便能预见到曹、刘、吴三分天下的局面是何等佩服了.所以,民间常把诸葛亮、刘伯温等军事家看作是智慧的化身.

预见胜负虽然很难,但是古代军事家从大量战争中也总结出一些数量的规律.孙子兵法中说:“用兵之法,十则围之,五则攻之,倍则分之,敌则能战之,少则能逃之,不若则能避之,故小敌之坚,大敌之擒也.”这里就讲了集中优势兵力的道理,也讲了自己一方如果弱小的话就应该避开敌人的道理.所有这些,能不能用数学的理论对它们加以说明呢?

究竟能不能预言战争的胜负?

2.2 兰彻斯特的战斗模型

17、18世纪数学的飞速发展,为描述战斗提供了数学工具.在第一次世界大战期间,英国工程师兰彻斯特于1916年提出了几个关于空战的战术的数学模型.这些模型引起了人们的兴趣,并不断进行研究推广,用于描述各类战斗——从孤立的战斗乃至于整个战争.人们发现,这是一种相当能说明问题的模型.

让我们来设想两支军队,红军和蓝军怎样决策并行动.首先,我们讨论一种简单的情形,两支军队在某个战场上正在交战.设在交战的起始时刻 t_0 时,红、蓝两军的初始的参加战斗的兵力分别为 X_0 和 Y_0,在 t_0 以后的某时刻 t 时的兵力分别为 $x(t)$ 和 $y(t)$.这里,x 是代表红方的,y 是代表蓝方的.现在,我们实际上遇到了麻烦,即双方的兵力的“量化”问题.显而易见,一支装备精良、训练有素的军队和一支乌合之众的军队是无法用人数的多寡这一标准来进行比较的.当年的义和团的勇士们人数虽多,也都很精于技击,但却败在外国侵略者的洋枪洋炮之下,便是例证.事实上,“兵力”的强弱涉及因素很多,比如,士兵的数量,战斗的准备情况,武器装备的性能、数量,指挥员的素质,士气的高涨与低落,作战环境的适应状况等等.不过,我们在这里暂时都把它们加以简化,即认为双方的战士素质、武器装备、指挥员的训练都相差不太大,可以认为他们的水平相当.这样一来,对于双方兵力强弱的描述与衡量,便可以只用士兵的数量作为标准了.所以,下面的 $x(t)$,$y(t)$ 分别代表红、蓝两军在时刻 t 时的战士的数量.

当我们描述别的战斗，例如两支坦克部队或其他部队时，$x(t)$，$y(t)$可能代表t时刻两支军队仍在作战的作战单位（如一辆坦克）的数量. 这些都依我们描述的对象而定.

现在让我们看看在战场上双方力量的变化. 不难设想，作战的一方，比如红军，其兵力（强弱）的变化率与以下几个因素有关：首先是由于参加战斗红方伤亡的人数. 当然，这里的伤亡，是指红方退出战斗的人数. 单位时间内的伤亡数叫作战斗损耗率. 其次是由于客观的作战环境引起的人员减少. 例如赤壁之战曹操的军队中，由于士卒均为北方人，不服水土，不习水战，因而生病、逃亡者皆有. 诸葛亮南征孟获时，五月渡泸，深入不毛，将士受瘴气的侵袭而病故者不乏其人. 解放战争中的辽沈战役，困守在长春的国民党军队因为没有粮食而饿死者不计其数，当然，开小差、自杀或投降我军者也为数不少. 这种由于疾病、开小差或其他非战斗原因产生的单位时间内的减员称为“自然损耗率”. 还有一项是增援率，指的是在单位时间内新投入战斗的兵员数. 例如红方拥有第二梯队，并在需要时有计划地投入战斗，这样一来，我们可以给出以下的关系：

$$\text{（红方）兵力的变化率} = -\text{（战斗损耗率}+\text{自然损耗率）}+\text{增援率} \tag{2.1}$$

对于蓝方，可做类似分析.

讲到变化率，我们自然会想到微分学中的导数. 所以，我们自然会设想红、蓝两方的兵力$x(t)$和$y(t)$都是时间t的可微分函数. 这实在是一种太理想的假设. 因为，这首先要求$x(t)$和$y(t)$都是关于时间t连续变化的. 然而，我们说某次战斗中，上午9:00时有5000名红方的战士，而到上午9:05时红方有4995.23人，你就很难理解4995.23人的含义. 换言之，0.23人指的是什么？一个人要么仍在战斗，要么丧失战斗力退出战斗. 但是，当我们作数学处理时，为了方便简单起见，我们就应该做这些假设. 甚至，我们还要假设$x(t)$，$y(t)$的图形是处处光滑的. 虽然，这与实际情况相去甚远，但正是由于这种理想化，反而使我们能容易揭露战斗中人员变化的规律.

让我们继续分析红军的人员变化率. 不妨假设红方的战斗减员与蓝方参加战斗的战士数量有关. 参加战斗的红方战士都可能被蓝方射

击而伤亡. 显然，蓝方参加战斗的人越多，红方被射中而伤亡的机会就越多，这二者是成比例的. 我们可假设

$$\begin{aligned}\text{红方战斗损耗率} &= b(t) \times \text{蓝方参加战斗人数} \\ &= b(t)y(t), \quad b(t) > 0\end{aligned}$$

其中 $b(t)$ 就是蓝方每个战士所造成的红方的损耗率，称它为战斗效果系数. 这里，我们把此系数看作是 t 的函数. 这是因为，同一战士，当他精力旺盛时，和他受了一些伤或精神疲惫时的作战效果不一样. 此外，不同的战士，例如一个经验丰富的老兵和一个刚刚穿上军装的新兵，其作战效果也不一样. 所以，这里的 $b(t)$ 应该看成是在 t 时刻全体参战蓝军的平均作战效果系数. 同时，为简单计，我们再假设 $b(t)$ 是一个常数 b.

红方的自然损耗率当然和红方在战场上的人数有关. 我们不妨设它与红方的人数成比例，即

$$\begin{aligned}\text{红方的自然损耗率} &= \alpha(t) \times \text{红方参加战斗人数} \\ &= \alpha(t)x(t), \quad \alpha(t) > 0\end{aligned}$$

自然，$\alpha(t)$ 也应该理解为在 t 时刻红方战士平均受到恶劣环境伤害的程度. 诸葛亮的大军五月渡泸时遇到的瘴气据说是一种传染病，然而，不同的战士体质不同，抵抗力也会不同，毅力、信仰也会有差异. 当然，为了讨论简单计，我们不妨也设它是一个正常数 α. 此外，再设时刻 t 时红方的增援率为 $R(t)$. 于是，红方人员的变化率 $\frac{\mathrm{d}x(t)}{\mathrm{d}t}$ 便应该是：

$$\frac{\mathrm{d}x(t)}{\mathrm{d}t} = -\alpha(t)x(t) - b(t)y(t) + R(t)$$

类似地，蓝军人员的变化率 $\frac{\mathrm{d}y(t)}{\mathrm{d}t}$ 应该是：

$$\frac{\mathrm{d}y(t)}{\mathrm{d}t} = -a(t)x(t) - \beta(t)y(t) + B(t)$$

其中 $a(t)$——红方每个战士在时刻 t 时对蓝方士兵的(平均)战斗效果系数；

$\beta(t)$——在时刻 t 时环境对蓝方每个战士的平均伤害程度；

$B(t)$——蓝方在时刻 t 时的增援率.

这样一来，我们便应该用以下的方程组来描述战斗：

$$
\begin{cases}
\dfrac{\mathrm{d}x(t)}{\mathrm{d}t}=-\alpha(t)x(t)-b(t)y(t)+R(t) \\
\dfrac{\mathrm{d}y(t)}{\mathrm{d}t}=-a(t)x(t)-\beta(t)y(t)+B(t) \\
x(t_0)=X_0,y(t_0)=Y_0
\end{cases}
\tag{2.2}
$$

这实际上是对常规战争的描述. 而当 a,b,α,β 都是常数时,方程组(2.2)变成

$$
\begin{cases}
\dfrac{\mathrm{d}x(t)}{\mathrm{d}t}=-\alpha x(t)-by(t)+R(t) \\
\dfrac{\mathrm{d}y(t)}{\mathrm{d}t}=-ax(t)-\beta y(t)+B(t) \\
x(t_0)=X_0,y(t_0)=Y_0
\end{cases}
\tag{2.3}
$$

方程组(2.2)还有许多变型,我们将在下面介绍.

在双方战斗的战场上,如果双方的后勤保障条件都比较好,自然损耗率可以忽略不计的话,方程组(2.3)变成

$$
\begin{cases}
\dfrac{\mathrm{d}x(t)}{\mathrm{d}t}=-by(t)+R(t) \\
\dfrac{\mathrm{d}y(t)}{\mathrm{d}t}=-ax(t)+B(t) \\
x(t_0)=X_0,y(t_0)=Y_0
\end{cases}
\tag{2.4}
$$

如果双方仅只是对峙,并未进行战斗,此时当然没有战斗损耗率,同样,增援率也设为零,从而方程组(2.3)变成

$$
\begin{cases}
\dfrac{\mathrm{d}x(t)}{\mathrm{d}t}=-\alpha x(t) \\
\dfrac{\mathrm{d}y(t)}{\mathrm{d}t}=-\beta y(t) \\
x(t_0)=X_0,y(t_0)=Y_0
\end{cases}
\tag{2.5}
$$

这样

$$
\alpha=-\frac{\mathrm{d}x(t)/\mathrm{d}t}{x(t)},\quad \beta=-\frac{\mathrm{d}y(t)/\mathrm{d}t}{y(t)}
\tag{2.6}
$$

也就分别成为红、蓝两方的不变的相对损失率.

在战争史中,有许多游击战,著名的有抗日战争中八路军、新四军对日军进行的游击战,柬埔寨对越南和阿富汗游击队对苏军的战争等等. 这时方程组(2.2)应该有什么变化呢?

游击战的最大特点是游击队总是隐蔽在暗处,他们或隐蔽在人民

之中，或隐蔽在丛林之内，或埋伏在某类障碍物之后，或借夜色的掩护；而与游击队交战的一方只能根据一些信息来判断. 例如知道游击队占领了一个固定的区域 S，但不知他们隐藏的确切位置. 因此，他们只是(均匀地)向区域 S 射击，然而却不能明确知道对游击队的杀伤程度，他们只能假设游击队的伤亡与游击队在 S 内的(参加战斗的)人数，以及己方对 S 区域进行射击的人数成比例. 假如红方是游击方，而蓝方是入侵方，那么，游击队的战斗损失率便是 $-g\cdot x(t)\cdot y(t)$. 这里，g 是入侵方对游击队战斗时的战斗效果系数，它也应该是时间 t 的函数. 但是为简单计，仍把它设为常数，这时，我们讨论的方程组应该是

$$\begin{cases}\dfrac{\mathrm{d}x(t)}{dt}=-\alpha(t)x(t)-g(t)x(t)y(t)+R(t)\\[2ex]\dfrac{\mathrm{d}y(t)}{\mathrm{d}t}=-a(t)x(t)-\beta(t)y(t)+B(t)\\[2ex]x(t_0)=X_0,y(t_0)=Y_0\end{cases}\tag{2.7}$$

假如双方都是进行游击战，此时应有

$$\begin{cases}\dfrac{\mathrm{d}x(t)}{\mathrm{d}t}=-\alpha(t)x(t)-g(t)x(t)y(t)+R(t)\\[2ex]\dfrac{\mathrm{d}y(t)}{\mathrm{d}t}=-a(t)x(t)-h(t)x(t)y(t)+B(t)\\[2ex]x(t_0)=X_0,y(t_0)=Y_0\end{cases}\tag{2.8}$$

式中 $h(t)$是红方对蓝方的战斗效果系数.

2.3 战斗模型的分析

1. 平方律

在建立模型后，让我们看一看这些模型能告诉我们什么. 为了讨论简洁起见，我们分析那些理想的情形，即没有增援、没有自然损失、双方的战斗效果系数又均为常数时的情形. 此时，所得的常规战的兰彻斯特方程组为

$$\begin{cases}\dfrac{\mathrm{d}x(t)}{\mathrm{d}t}=-by(t)\\[2ex]\dfrac{\mathrm{d}y(t)}{\mathrm{d}t}=-ax(t)\\[2ex]x(t_0)=X_0,y(t_0)=Y_0\end{cases}\tag{2.9}$$

这个方程组可化作 $\frac{\mathrm{d}y}{\mathrm{d}x}=\frac{ax}{by}$. 解此微分方程可得

$$b(y^2(t)-Y_0^2)=a(x^2(t)-X_0^2) \tag{2.10}$$

式(2.10)给出两支交战部队之间的二次关系,因此人们常常称式(2.9)为平方律模型. 式(2.10)又可改写成

$$by^2-ax^2=bY_0^2-aX_0^2 \xlongequal{\text{记作}} K$$

或

$$by^2-ax^2=K \tag{2.11}$$

考虑 x-y 平面,那么 $by^2-ax^2=K$ 的图形恰巧是双曲线. 所以,也常称式(2.11)所揭露的规律为双曲律. 对于不同的 K 值,所得的曲线画在图 2.1 中,其中 $K=0$ 对应着一条直线.

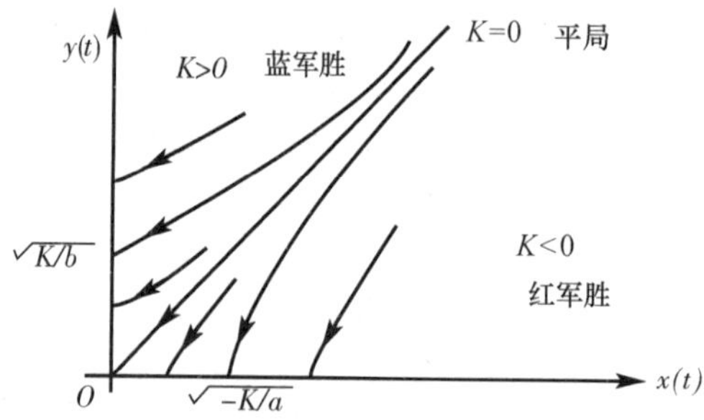

图 2.1　平方律的双曲线

现在,让我们解释一下图 2.1. 如果以一方的士兵完全被消灭战斗才算停止(实际上往往并非如此,经常是一方的人员伤亡到一定程度,战斗便已停止了),那么,我们应该考虑 x-y 平面的第一象限($x\geqslant 0, y\geqslant 0$)中的曲线. 曲线上的箭头表示兵力随时间而变化的方向. 现在,双方的指挥官最关心的便是谁将赢得胜利. 假如说一方的士兵完全被消灭便是另一方的胜利,我们就用这个标准来分析一下结果:

(1) $K<0$;这时对应的双曲线与 x 轴相交于点($\sqrt{-K/a}$,0),即是说,当红方还拥有的战士数为 $\sqrt{-K/a}$ 时,蓝方的战士数已经是零,或已经完全被消灭了. 按上述标准,此时红方胜.

(2) $K>0$;此时蓝方胜,并且当战斗结束时(即 $x=0$),蓝方还拥有的战士数为 $\sqrt{K/b}$,如图 2.2 所示.

(3) $K=0$. 此时对应的直线与两坐标轴的交点为原点(0,0). 它表明随着战斗的继续进行,双方将同归于尽. 当 $K=0$ 时,

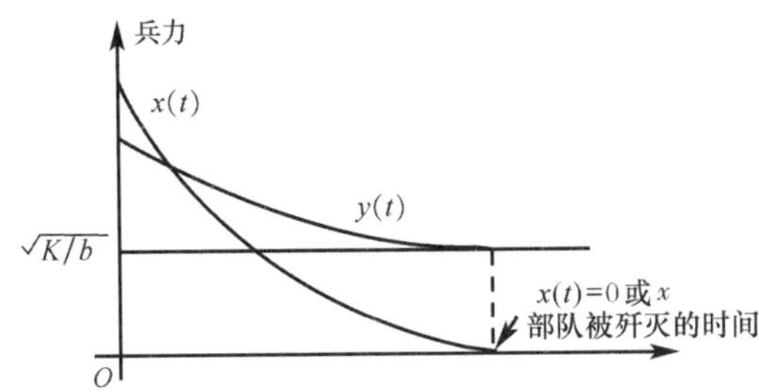

图 2.2　$K>0$ 时兵力与时间的关系

$$bY_0^2 = aX_0^2$$

或

$$\frac{X_0}{Y_0} = \sqrt{\frac{b}{a}} \tag{2.12}$$

这时,双方的初始兵力是处于势均力敌的平衡状态,并且显然有

$$\begin{cases} K > 0, \dfrac{X_0}{Y_0} < \sqrt{\dfrac{b}{a}}, & \text{蓝军胜} \\ K = 0, \dfrac{X_0}{Y_0} = \sqrt{\dfrac{b}{a}}, & \text{双方兵力相当} \\ K < 0, \dfrac{X_0}{Y_0} > \sqrt{\dfrac{b}{a}}, & \text{红军胜} \end{cases} \tag{2.13}$$

从这个结果可以看出,一方要取胜,可以有两种方法:其一是增加自己的初始兵力,使己方的力量为敌方的两倍、三倍、五倍、十倍;其二是增大自己方面的战斗效果系数,比如,加强对士兵的训练,改善己方的武器装备,创造良好的作战条件,等等;当然,也可设法降低对方的战斗效果系数,比如,迷惑对方,以使对方的统帅做出错误判断;破坏对方的后勤供应、武器装备;涣散对方的军心等.

增大自己的兵力,便是“集中优势兵力”的意思.

增强自己方面(或降低对方)的战斗效果系数这一思想,在孙子兵法中也早有论述.例如孙子始计篇中指出:“兵者,诡道也.故能而示之不能,用而示之不用,近而示之远,远而示之近,利而诱之,乱而取之,实而备之,强而避之,怒而挠之,卑而骄之,佚而劳之,亲而离之,攻其无备,出其不意,此兵家之胜,不可先传也.”

指挥官还希望能知道双方兵力的变化.此时,由式(2.9)可推出它们的兵力随时间变化的方程,例如,对于红方,有

$$\begin{cases}\dfrac{\mathrm{d}^2 x}{\mathrm{d}t^2} - bax = 0 \\ x(t_0) = X_0\end{cases} \tag{2.14}$$

对于蓝方，有

$$\begin{cases}\dfrac{\mathrm{d}^2 y}{\mathrm{d}t^2} - aby = 0 \\ y(t_0) = Y_0\end{cases} \tag{2.15}$$

令 $\lambda = \sqrt{ab}$，$\mu = \sqrt{b/a}$，解上述方程可得

$$\begin{cases}x(t) = X_0 \operatorname{ch}\lambda t - \mu Y_0 \operatorname{sh}\lambda t \\ y(t) = Y_0 \operatorname{ch}\lambda t - \dfrac{X_0}{\mu} \operatorname{sh}\lambda t\end{cases} \tag{2.16}$$

这里 ch(·)和 sh(·)表示“ · ”的双曲线余弦和正弦. 根据这两个函数，可以画出它们相对应的曲线.

2. 线性率

假如交战双方都是采用游击战术，这时若设双方没有自然损耗，没有增援，g 和 h 都是常数，那么，方程组就会变成

$$\begin{cases}\dfrac{\mathrm{d}x}{\mathrm{d}t} = -gxy \\ \dfrac{\mathrm{d}y}{\mathrm{d}t} = -hxy \\ x(t_0) = X_0, y(t_0) = Y_0\end{cases} \tag{2.17}$$

不难解出

$$g(y(t) - Y_0) = h(x(t) - X_0)$$

或

$$gy(t) - hx(t) = gY_0 - hX_0 \xlongequal{\text{记作}} L \tag{2.18}$$

上式在 x-y 平面上的图形是直线，如图 2.3 所示，故称为线性律. 显然，可仿平方律的分析，推知

(1)$L<0$，红方胜，此时$\dfrac{X_0}{Y_0} > \dfrac{g}{h}$；

(2)$L=0$，双方势均力敌，这时$\dfrac{X_0}{Y_0} = \dfrac{g}{h}$；

(3)$L>0$，蓝方胜，此时$\dfrac{X_0}{Y_0} < \dfrac{g}{h}$.

我们关于双曲律的分析的许多方法与结论均可推广于此.

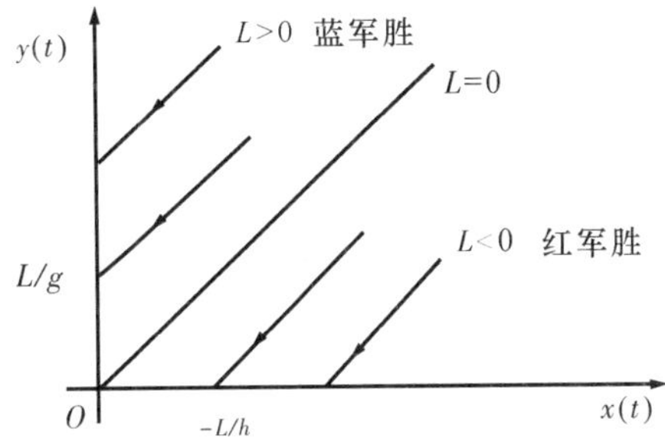

图 2.3 线性律

不过,在重要的战例中,双方都是使用游击战的并不多见.

3. 抛物律

假如一方是入侵方,力量强大;被入侵的一方,力量较弱,因而采用游击战,这时会有什么结果呢?设双方无增援,无自然损耗,并设战斗效果系数都是常数,又设红方为游击队,蓝方(入侵方)为正规军,此时的方程组为

$$\begin{cases} \dfrac{\mathrm{d}x}{\mathrm{d}t} = -gxy \\ \dfrac{\mathrm{d}y}{\mathrm{d}t} = -ax \\ x(t_0) = X_0, y(t_0) = Y_0 \end{cases} \tag{2.19}$$

解这个方程组便得到

$$gy^2(t) - 2ax(t) = gY_0^2 - 2aX_0 \xlongequal{\text{记作}} M \tag{2.20}$$

显然,上面的函数在 x-y 平面上的图形是一条抛物线,所以又称它所反映的战争规律为抛物律.如前面的分析可知

(1)$M<0$,此时$\dfrac{X_0}{Y_0^2}>\dfrac{g}{2a}$,游击队胜;

(2)$M=0$,此时$\dfrac{X_0}{Y_0^2}=\dfrac{g}{2a}$,双方势均力敌;

(3)$M>0$,此时$\dfrac{X_0}{Y_0^2}<\dfrac{g}{2a}$,正规军胜.

我们把抛物线画在图 2.4 中.

我们都看到这样的现象:往往入侵方有强大的军队,武器精良,士兵训练有素,然而对于游击队却又往往束手无策,吃尽苦头.这是什么道理呢?让我们分析一下双方的战斗效果系数.设红方每单位时间内

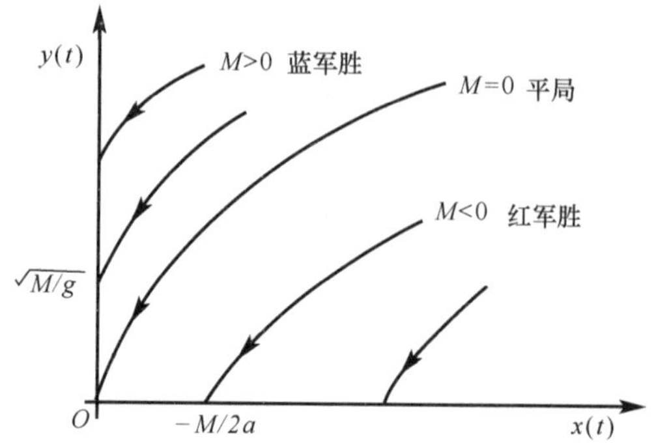

图 2.4 抛物律

每个战士射击的次数为 r_x，他们每一次射击可杀死一个敌人的可能性(概率)为 p_x，那么自然会认为

$$a = r_x p_x$$

(注意，这些 r_x，p_x 自然是红军中诸战士的平均值.)但对于 g 呢？假设蓝方每单位时间每个战士射击的次数为 r_y，但是红方的战士是散布在域 S 之内，而蓝方只是凭着枪声、火光等来判断红方的位置，他们所射击的每一发子弹(或手榴弹、火箭筒……)的有效杀伤面积设为 A_{r_y}，例如它可以是游击队员在掩体中其身体暴露在外的部分的面积，而游击队员在域 S 中散布时所占的面积为 A_x，则此时蓝军对游击队的战斗杀伤的效果系数 g 应是

$$g = r_y \frac{A_{r_y}}{A_x}$$

这样一来，如果蓝军希望取胜，就应使 $M>0$，或使

$$\frac{Y_0^2}{X_0} > \frac{2a}{g} = \frac{2A_x r_x p_x}{r_y A_{r_y}}$$

或

$$\left(\frac{Y_0}{X_0}\right)^2 > 2\,\frac{r_x}{r_y} \cdot \frac{A_x p_x}{A_{r_y}} \cdot \frac{1}{X_0}$$

我们不妨假设 $r_x/r_y \approx 1$，对于 p_x，不妨设为 0.1(即一名游击队员每射击一次杀死蓝军一人的概率)，再假设游击队员身体易受损伤的有效部位在有掩体的情况下是 0.20 m^2，即 $A_{r_y}=0.20\ \mathrm{m}^2$. 于是

$$\left(\frac{Y_0}{X_0}\right)^2 > \frac{A_x}{X_0}$$

假若游击队是一支较小的部队，例如 $X_0=100$，并假设他们埋伏时较

为疏散，每个战士所占面积(间隔)为长宽各为 10 m 的面积，也即 100 m^2. 因为 $X_0=100$，故 $A_x=100\times100=10^4\ m^2$，于是

$$\left(\frac{Y_0}{X_0}\right)^2>\frac{10000}{100}=100$$

从而

$$\frac{Y_0}{X_0}>10$$

这就是说，蓝方必须使用 10 倍以上的兵力，才能取得这次战斗的胜利.

注意，游击队是在暗处，正规军是在明处，所以，游击队可以调整自己的"参数"，如 A_x，X_0，A_{r_y}，r_x 等，而正规军由于未能确切知道游击队的隐蔽之所，往往误判. 抗日战争中的狼牙山五壮士，最后以五位英雄与敌人周旋，毙伤敌人甚众，使敌人误以为抓住了八路军的主力，便是一例.

历史上许多规模较大的战争，也说明了游击战的作用，不妨以第二次世界大战以后的许多次战争的数据做一些说明(表 2.1).

表 2.1　　入侵方与游击队兵力比与胜负情况

时间	地点	入侵方与游击队之比 Y_0/X_0	胜，败
1946—1949	希腊	8.75	正规军胜
1945—1954	马来西亚	18	正规军胜
1953	肯尼亚	9.5	正规军胜
1948—1952	菲律宾	4	正规军胜
以上平均为 10.06			
1945—1947	印度尼西亚	1.5	正规军败
1945—1954	印度支那	2	正规军败
1958—1959	古巴	6	正规军败
1959—1962	老挝	2.5	正规军败
1956—1962	阿尔及利亚	10	正规军败
1959	越南	9.6	正规军败
1968	越南	7	正规军败
1975	越南	超过 6	正规军败
1978—	柬埔寨	超过 6	仍在僵持
1979—	阿富汗	超过 6	仍在僵持
以上平均超过 5.66			

由此统计表可见，面对强大的入侵的正规军，游击队虽然较弱，但它可以灵活运用自己的战术，最终能取得胜利.

从此表中，做保守一些的估计，至少需要

$$\frac{\text{正规军兵力}}{\text{游击队兵力}} > 8$$

正规军才有可能取胜.由此就可以解释为什么当年日寇在中国战场上，美军在越南战场上，以及越军在柬埔寨战场上会陷入难于自拔的困境了.

4. 复合的情形

在以上讨论中，我们假设红、蓝两方都是单一兵种、单一武器的，假如是多部队或多兵种、多种武器、多目标，方程就要复杂得多.我们可引入方程

$$\begin{cases}\dfrac{\mathrm{d}x_j(t)}{\mathrm{d}t}=-\sum\limits_i \varepsilon_{ij}b_{ij}y_i \\ \dfrac{\mathrm{d}y_i(t)}{\mathrm{d}t}=-\sum\limits_j \delta_{ji}a_{ji}x_j \\ x_j(t_0)=X_j^0, y_i(t_0)=Y_i^0\end{cases} \tag{2.21}$$

这里 ε_{ij} 是第 i 种武器被分配用于射击第 j 种目标时的比例数，b_{ij} 是第 i 种武器对第 j 种目标的战斗效果系数，类似地可解释 δ_{ji}，a_{ji} 的含义.

2.4 一些战争的实例

为了进一步说明上面所分析的战争模型的价值，作为参考，我们举出几个实际战例.

1. 平型关战役

这是发生于1937年9月，我八路军115师原计划用三个团的兵力，在山西灵丘的平型关东北公路两侧山地伏击日寇板垣师团的一次战斗.9月24日深夜设伏，待敌21旅团进入设伏区，于9月25日晨7时战斗打响，当天黄昏时结束，我军取得重大胜利.由于交战地区狭小，交战双方损失(伤亡)率与己方兵力密度成正比，当然也与对方的兵力成正比.因此，应该使用线性率.设 $x(t)$、$y(t)$ 分别为我方及日方在开火后的第 t 时刻的兵力，此时应该考虑方程

$$\begin{cases}\dfrac{\mathrm{d}x(t)}{\mathrm{d}t}=-gxy \\ \dfrac{\mathrm{d}y(t)}{\mathrm{d}t}=-hxy \\ x(0)=X_0, y(0)=Y_0\end{cases}$$

这里，我们把起始时刻算作零．此外，再设在战斗结束时双方所剩下的兵力分别是 X_e，Y_e．假如 g、h 均为常数，则由上面的方程可解出

$$g(Y_0 - Y_e) = h(X_0 - X_e)$$

以及

$$x(t) = \frac{-X_0(K-1)\exp(-hX_0(K-1)t)}{\exp(-hX_0(K-1)t) - K}$$

$$y(t) = \frac{-Y_0(K-1)}{\exp(-hX_0(K-1)t) - K}$$

$$K = \frac{gY_0}{hX_0}$$

现在据此来计算 g，h．由已有的资料可知（有的是估计）

$$X_0 = 4500, \quad Y_0 = 4000$$

战斗持续时间 $T=24$ 小时．两方伤亡人数为：

$Y_0 - Y_e$ 估计为 1000 余人（即日方伤亡人数）；

$X_0 - X_e$ 估计为 900 余人（即我方伤亡人数）．

若取

$$X_e = 3550, \quad Y_e = 2950$$

则

$$\frac{h}{g} = \frac{Y_0 - Y_e}{X_0 - X_e} = 1.105$$

从而

$$K = \frac{gY_0}{hX_0} = 0.804$$

而由 $y(T) = Y_e$，以及 $y(t)$ 之表达式，可得

$$h = -\frac{1}{X_0(K-1)T}\ln\frac{Y_eK - Y_0(K-1)}{Y_e} = 634 \times 10^{-8}$$

$$g = 574 \times 10^{-8}$$

这一仗虽然我军损失也很大，但由于消灭了日军的精锐部队板垣师团，不但沉重地打击了敌人，也大大长了中国人民的志气．

2. 日美间的硫磺岛战役

这是日本战败前夕于 1945 年 2 月 19 日开始的一场战斗．硫磺岛是一个面积只有 20.72 平方公里的火山岛，它距东京 1062 公里，位于东京东南方的大洋中，它实际上是进攻东京的前哨阵地．由于岛上有

飞机场,所以也是轰炸日本的理想的飞机起飞地.美军占领了它,东京的大门就敞开了.因此,它自然成为日、美双方志在必争的战略要地.战斗十分激烈,自 1945 年 2 月 19 日开始交火,直到同年 3 月 16 日止,美方才宣布战斗基本结束,但零星的战斗直到 3 月 26 日才停止.

现在用兰彻斯特方程组来进行描述.在这场战争中,美军登陆后,不断有增援部队,而日军处于举国溃败前夕,虽然岛上守军一再吁请日军大本营进行增援,但日方大本营根本不可能向该岛派去一兵一卒.在战斗初期,美军先是进行滩头轰炸,日军则躲进工事或石穴中,所以轰炸对日军造成的伤亡并不严重.美军登陆后,日军据守岩洞进行顽抗,此时美方处于暴露状态,而日军处于隐蔽地位.然而,后来美军使用了毒气,使得藏身于岩洞的日军也受到杀伤.所以这次战斗可以当作常规战来加以讨论.此时采用以下方程:

$$\begin{cases} \dfrac{\mathrm{d}A(t)}{\mathrm{d}t} = -bJ(t) + P(t) \\ \dfrac{\mathrm{d}J(t)}{\mathrm{d}t} = -aA(t) \end{cases} \tag{2.22}$$

这里 $J(t)$,$A(t)$分别表示当战斗开始后的 t 时刻日、美两军所剩下的兵力(人数),b,a 分别代表相应的战斗效果系数(或杀伤系数),$P(t)$为美军在时刻 t 的增援率,t 的单位以日计(注意,在平型关战役中,t 的单位是小时.总之,用什么作为单位,可根据具体战斗的情况来定).至于初始兵力 A_0,J_0,我们在谈到该次战役的有关记录时再给予说明.

上述方程组不难改写成

$$\frac{\mathrm{d}^2 J(t)}{\mathrm{d}t^2} = baJ(t) - aP(t)$$

易知

$$J(t) = J_0 \mathrm{ch}\beta t - \frac{A_0}{r}\mathrm{sh}\beta t - \frac{1}{r}\int_0^t \mathrm{sh}\beta(t-s)P(s)\mathrm{d}s \tag{2.23}$$

其中 $\beta = \sqrt{ba}$,$r = \sqrt{b/a}$.

这里 $A_0 = ?$ 如果美军没有登陆,当然应有 $A_0 = 0$,但这样就不能计算 $J(t)$.所以,我们把战斗开始的时刻规定为美军登上滩头阵地的刹那,即利用$\left.\dfrac{\mathrm{d}J(t)}{\mathrm{d}t}\right|_{t=0} = -aA_0$ 来确定 A_0.

又因 $A(t)=-\frac{1}{a}\frac{\mathrm{d}J(t)}{\mathrm{d}t}$，由此可求得 $A(t)$. 因为刚登陆时美军人数实际上甚少，故可设 $A_0=0$，于是得到

$$\begin{cases} A(t)=-rJ_0\operatorname{sh}\beta t+\int_0^t \operatorname{ch}\beta(t-s)P(s)\mathrm{d}s \\ J(t)=J_0\operatorname{ch}\beta t-\frac{1}{r}\int_0^t \operatorname{sh}\beta(t-s)P(s)\mathrm{d}s \end{cases} \tag{2.24}$$

现在给出具体数据. 美军的资料比较完整. 但日军的资料不全，守岛的日军指挥官在自杀之前把守岛的日军人员的花名册等文件资料都付之一炬了. 东京的日军总部也缺乏有关资料. 但日军既无一兵一卒的增援，也没有一个人能逃出该岛，所以日军的伤亡人数是根据日军的尸体数目再加上日俘人数作估计的. 今把美、日军的伤亡人数分别列于表 2.2 和表 2.3 中.

表 2.2　　美军在硫磺岛上的伤亡(人数)

军兵种	被杀、失踪或负伤而死	负伤	疲乏，丧失战斗力	总计
海军陆战队	5931	17272	2648	25851
海军诸单位	881	1917		2798
陆军单位	9	28		37
各类总计	6821	19217	2648	28686

表 2.3　　日军在硫磺岛上的伤亡(人数)

日守岛人数	日军被俘人数	日军被杀人数
21500(估计)	海军:216 陆军:867 共计:1083	20000 余人

表 2.2 日军被杀人数是由尸体数估计的，后来有一资料说日军守岛人数为 21500 人，据说比较可靠，故以下计算中，取 $J_0=21500$ 人.

美军的逐日增援人数(登陆人数)如下：

$$P(t)=\begin{cases} 54000, & 0\leqslant t<1 \\ 0, & 1\leqslant t<2 \\ 6000, & 2\leqslant t<3 \\ 0, & 3\leqslant t<5 \\ 13000, & 5\leqslant t<6 \\ 0, & 6\leqslant t<36 \end{cases}$$

这里，t 是以一日作为一个单位，它是由第 1 日登陆开始，当然，在一日之内，可认为 $P(t)$ 是常数.

现在来计算 β 与 r 或 b 和 a. 我们知道，在第 36 天，岛上的日军（基本上）被消灭，故可设 $J(36)=0$，此时由于岛上日军每天逐渐被美军杀伤，所以

$$J(36)-J_0=-a\int_0^{36}A_{实}(t)\mathrm{d}t=-a\sum_{t=1}^{36}A_{实}(t)$$

这里，$A_{实}(t)$ 是美军逐日的实际人数，这可从美军的资料中查出. 当然，它是逐日计算的，故积分也只能用和式代替. 此时

$$a=\frac{J_0-J(36)}{\sum\limits_{t=1}^{36}A_{实}(t)}=\frac{21500-0}{2037000}\approx 0.0106$$

再计算 b. 注意 $J_{实}(t)$ 无法知道，我们只能估计一个逐日参加作战的日军的近似值 $J_{近}(t)$. 这个 $J_{近}(t)$ 是依总数减去每日被歼灭数算出的，即

$$J_{近}(t)=21500-0.0106\sum_{k=1}^{t}A_{实}(t),\quad t=0,1,\cdots,36$$

不过，实际上到了第 28 天日军几乎已被消灭殆尽，所以 t 可以取到 28 为止. 此时

$$A(t)=A_0-b\int_0^t J_{近}(s)\mathrm{d}s+\int_0^t P(s)\mathrm{d}s$$

$$=-b\sum_{k=1}^{t}J_{近}(k)+\sum_{k=1}^{t}P(k)$$

令 $t=28$，便得到

$$b=\frac{\sum\limits_{k=1}^{28}P(k)-A(28)}{\sum\limits_{k=1}^{28}J_{近}(k)}$$

由美军资料可知

$$\sum_{k=1}^{28}P(k)=73000,\quad A(28)=52735$$

故而
$$\sum_{k=1}^{28}J_{近}(k)=372500$$

代入上式可得
$$b=0.0544$$

这和实际情况相比是比较吻合的.

3. 越南战争

1968 年发生的越南北方和越南南方游击队与南越美伪军之间的战争是常规战-游击战型的.南方游击队经常隐藏在丛林之中、人民之间打击美伪军,而越南北方又不断给予支援.当时双方的兵力之比大体上是美军:游击队=6:1.双方的实力比较见表 2.4.

表 2.4　　1968 年春南越战场实力比较

美军、南越政府军	越南军队实力
美军　510000	北越支援部队　5000
南越政府军　600000	南方游击队(系估计)　230000
南越地方武装　500000	
其他武装　70000	
共计　1680000	共计　280000

双方实力对比:　$\dfrac{1680000}{280000}=6$

依照我们在前面的统计规律,美伪军很难在越南南方取胜.所以当时的美军司令威斯特摩兰向美国总统约翰逊请求增援.估计美总统可再给予威斯特摩兰 206000 人的援军,这样,在南越战场上美伪的力量可增加到 1886000 人.此时双方军队实力之比为

$$\frac{1886000}{280000}\approx 6.7$$

这虽已改善了美军的处境,但却不能保证取胜,而越南南方游击队却很容易把这个比例降低到 6.事实上,南方游击队只要再补充 34000 人,使得总兵力达到 314000 人,便可保持兵力之比为6:1;而补充 34000 人,对越南南方游击队来说是不难的,这可通过北越的志愿人员的支援和发动南越的群众做到这一点.因此,美国经过权衡得失,再加之国际和国内的反对,便提出了政治解决的设想.这样,一边打,一边谈,直到 1975 年 4 月的巴黎谈判达成协议为止,越南取得了解放南方的胜利.

从以上这些例子可以看出,我们讨论的模型还是能够说明许多基本问题的.

2.5　随机战斗模型

在任何战斗中,许多因素实际上是随机的.但在前面的讨论中,我

们是当作确定型模型来讨论的.在那里,战斗效果系数都是取许多战士的杀伤系数的平均值,也即把它们看作期望值.能不能从随机的角度来加以讨论呢?让我们做一些尝试.

我们做以下的一些假设:

(1)$x(t)$,$y(t)$可作为离散的随机变量;

(2)假设消耗(杀伤、损耗……)过程是马尔可夫(Markov)过程;

(3)假设过程具有一种稳定的转移机制.

对这些假设可做一些直观的解释:马尔可夫性是假设从时间的任何瞬间,系统(指交战双方构成的系统)的行为依赖于系统在该瞬间的状态,而与该系统先前的情况(历史)无关.而稳定的转移机制是假设在一个给定时间间隔中发生的事情(损伤,例如人员被杀伤,武器被击毁,等等)仅仅依赖于时间间隔开始时的状态与时间间隔的长度,而不是依赖于时间间隔开始的时刻.

我们不妨做一些简化.设给出一个无穷小的时间区间 Δt,此时假定这区间甚小,使得:

(1)红、蓝双方同时损失一个作战单位(一个战士,一辆坦克……)的概率可以忽略不计;

(2)任何一方的损失超过一个单位的概率也可以忽略不计.此外,再假设:

$P(x,y,t)$为在时间区间$(0,t)$之后,仍有 x,y 生存的概率(这里战斗的初始时刻设为零).

$A\Delta t$ 为在一个时间间隔 Δt 中红方一战士(或武器、作战单位)被杀伤的概率.

$B\Delta t$ 为 Δt 中蓝方一战士(或武器、作战单位)被杀伤的概率.

在以上假设条件下,交战双方形成的系统出现的状态可以用以下方式表示:红方仍有人员 x,蓝方仍有人员 y,此时表示做(x,y).于是,在时间区间$(0,t+\Delta t)$之后系统仍然处于状态(x,y).这只可能是以下三种互斥事件之一的结果:

(1)在 t 时刻状态为(x,y),但在间隔 Δt 中只有 0 个红方战士和 0 个蓝方战士被杀伤;

(2)在 t 时刻状态为$(x+1,y)$,但在 Δt 中有 1 个红方战士被杀

伤,0 个蓝方战士被杀伤;

(3)在 t 时刻状态为$(x,y+1)$,但在 Δt 中有 0 个红方战士和 1 个蓝方战士被杀伤.

这样一来,便有

$$P(x,y,A+\Delta t)=P(x,y,t)(1-A\Delta t-B\Delta t)+P(x+1,y,t)A\Delta t(1-B\Delta t)+P(x,y+1,t)B\Delta t(1-A\Delta t)$$

把上式展开、合并、整理后,再令 $\Delta t\to 0$,便得如下关系式:

$$\frac{\mathrm{d}P(x,y,t)}{\mathrm{d}t}=-(A+B)P(x,y,t)+AP(x+1,y,t)+BP(x,y+1,t) \tag{2.25}$$

用同样的方法,可得

$$\frac{\mathrm{d}P(0,0,t)}{\mathrm{d}t}=AP(1,0,t)+BP(0,1,t)$$

$$\frac{\mathrm{d}P(x,0,t)}{\mathrm{d}t}=-AP(x,0,t)+AP(x+1,0,t)+BP(x,1,t)$$

$$\frac{\mathrm{d}P(0,y,t)}{\mathrm{d}t}=-BP(0,y,t)+AP(1,y,t)+BP(0,y+1,t)$$

在以上各式中,实际上假设了一旦某方已无战士存在时,当然不能给对方以杀伤,所以自然就去掉了某些项.利用这些递推公式,以及下面的初始条件

$$x\big|_{t=0}=X_0,\quad y\big|_{t=0}=Y_0$$

以及

$$P(X_0,Y_0,0)=1,P(x,y,t)=0,\text{若 } x>X_0,y>Y_0$$

我们便可以解决问题.

利用式(2.25),以及以上假设,便得

$$\frac{\mathrm{d}P(X_0,Y_0,t)}{\mathrm{d}t}=-(A+B)P(X_0,Y_0,t)$$

若再设 A、B 是常数(即稳定的转移机制),则由此可得

$$P(X_0,Y_0,t)=\mathrm{e}^{-(A+B)t}$$

若 A、B 是时间 t 的函数,便有

$$P(X_0,Y_0,t)=\mathrm{e}^{-\int_0^t (A+B)\mathrm{d}t}$$

利用上述结果，以及递推公式(2.25)，便可求出 $P(X_0,Y_0-1,t)$，$P(X_0-1,Y_0,t)$，$P(X_0-1,Y_0-1,t)$，…，一直到 $P(0,0,t)$为止.

在计算出诸 $P(x,y,t)$之后，便得出了在战斗中各方兵力数量的概率分布.这种分布是时间 t 的函数.特别可以算出

$$P_1(x,t)=\sum_{y=0}^{Y_0} P(x,y,t)$$

它是在时刻 t 时红方仍有 x 名战士的概率.注意，由于士兵的数量是整数，故右端是取和式.类似地，可算出

$$P_2(y,t)=\sum_{x=0}^{X_0} P(x,y,t)$$

它是在时刻 t 时蓝方仍有 y 名战士的概率.

在上述基础上，可以算出在时刻 t 时各方仍然有多大兵力的平均值或期望值，即

$$\begin{cases} \bar{x}(t)=\sum_{x=0}^{X_0} xP_1(x,t) \\ \bar{y}(t)=\sum_{y=0}^{Y_0} yP_2(y,t) \end{cases} \tag{2.26}$$

读者可以把按此公式计算的结果与前述依确定型方式算出的结果进行比较.通常这两个结果并不相等.虽然如此，当 X_0，Y_0 甚大时，这两种方法的结果实际相差不大.

我们自然会问，依这个方法，红方取胜的条件是什么？当然是 $x>0$，$y=0$.此时的概率是什么呢？若设

$$A=\frac{b}{a+b},\qquad B=1-A=\frac{a}{a+b}$$

其中 b，a 分别为前述确定型中相应的战斗效果系数，那么红方取胜的条件，实际上可看作是具有常数概率 B——蓝方一战士在 Δt 中被杀伤的概率的伯努利(Bernoulli)试验序列的随机过程.若在过程中当红方 Y_0 次成功(所谓成功，是指射杀蓝方一人)而至多有 X_0-1 次红方失败(即红方被射杀一人)，那么红方在被消灭前就消灭了蓝方.这样的概率等于多少？它显然是红方死伤一人而蓝方死伤 Y_0 人，红方死伤两人而蓝方死伤 Y_0 人……红方死伤 X_0-1 人而蓝方死伤 Y_0 人等

诸事件的概率之和，所以它应等于

$$\sum_{k=1}^{X_0-1} C_{Y_0+k}^{Y_0} A^k B^{Y_0} = \sum_{k=1}^{X_0-1} \frac{(Y_0+k)!}{Y_0!k!} A^k B^{Y_0}$$

这就是红方获胜的概率.

若把上述问题看作二维随机游动，则问题便变成蓝方穿过 $y=0$ 的边界的概率问题.

以上假设 A,B 都是常数，假如 A,B 都是时间 t 的函数，我们的计算就会困难得多.

上面讨论的模型均属于宏观的——我们考虑的是整个军队和武器的群体在损耗率以及转移概率的情况. 假如我们从微观角度来考虑，例如两战斗单位（比如红、蓝双方的两辆坦克或直升机）之间的格斗，这涉及作为单个武器（或作战单位，甚或两个敌对的战士）的毁伤概率，连续射击时两发弹发射的时间间隔、防护情况等等. 显然，这类随机格斗模型对于大型的或昂贵的武器的战斗情况是十分必要的. 它们的模型与前述的兰彻斯特模型风格迥异，它与我们在讨论随机情形的方法类似，主要使用统计或随机过程的方法. 这类问题可能包括：

(1)有限制的格斗（包括弹药、时间，以及对此两者的限制）；

(2)一方突然提前向对方射击的效果分析；

(3)由于失去时机而需要转移；

(4)多方（例如三方）战斗；

等等.

2.6 关于损耗率的研究

在兰彻斯特方程组中，各种损耗率（即杀伤效果的系数）是很关键的. 然而杀伤是由人使用武器来进行的，特别是在少量武器系统之间的随机格斗中，假如不涉及战士的勇敢或士气的话，单个武器系统的损耗率的研究就更为重要. 我们可假设武器系统本身的损耗率（或毁伤率）是依赖于武器系统的物理参数的大小的，这种物理参数描述了它的能力的大小，例如捕获能力，拦截能力，射击精度，单位时间内射击的发数，弹头的杀伤力等等. 这些可从现存的系统中的战斗经验或打靶的记录等等方面得到. 可是，这些特性却依赖于对目标的射程以及客观环境中的随机因素. 也就是说，损耗率是依赖于两方的战士（或

战斗单位)之间的射程的.而射程却可以用概率分布加以描述.因此,当我们采用数学语言来说明时,双方交战的损耗率可以看作一种非平稳的随机过程.实际上,对于一个单个的武器系统用于攻击某个目标,我们可用条件概率分布 $f(a|r)$ 来描述在某特定射程 r 时的损耗 a,或把损耗率看作是射程 r 的随机变量,并称之为损耗率函数 $a(r)$.

由于武装冲突是随机的,因此有理由假设损耗率是一个非平稳的随机过程,并把它记作 $P[a,r]$,不妨假设 $P[a,r]$ 是可以预测的.例如可通过在火器交战的模型中通过对不同的射程的模拟或在靶场中经过实地射击所得的记录中推测它们,也可以建立微分方程或差分方程等来描述它们.

设有红、蓝两军,若红方的第 i 群目标(当然也是蓝方射击的目标)与蓝方的第 j 群武器对抗,此时可考虑 $P(a_{ij},r)$,类似地,可考虑 $P(b_{ji},r)$,并可对它们进行讨论、预测.

如果把 a,b 看成是距离(即射程 r)的函数,兰彻斯特方程组应改写作

$$\begin{cases} \dfrac{\mathrm{d}x(t)}{\mathrm{d}t} = -a(r)y(t) \\ \dfrac{\mathrm{d}y(t)}{\mathrm{d}t} = -b(r)x(t) \end{cases} \tag{2.27}$$

显然,这是单一武器类型的战斗.式(2.27)是变系数的方程组.因在运动过程中,射程也会随着时间 t 而变化(前面讨论中,a,b 是当作常数处理的).由于战场上情况复杂,环境多变,即使给定射程,我们也应把损耗率当作一个随机变量.然而这样一来在数学上就不便处理了.所以通常是把在每个给定射程处的损耗率的随机变量的调和平均值定义为此给定射程的损耗率.

仍设初始兵力为

$$x(t_0)=X_0,y(t_0)=Y_0$$

并假设 X_0,Y_0 是如此之大,以致可以认为任何一方都不会完全被消灭.假如(例如蓝方)每一个武器系统在射击目标时都有一个恢复过程(例如飞机的两次俯冲轰炸之间的过程),也即两次杀伤之间的时间(这里假设了每次射击都有杀伤),假设它们是互相独立并且是均匀分布的随机变量.利用概率论中讨论的更新或维修等理论的方法,若设

μ 是期望恢复的时间，可假设

$$\lim_{t\to\infty} P_r[\text{在}(t,t+\mathrm{d}t)\text{ 中得到恢复}] = \frac{\mathrm{d}t}{\mu}$$

因此，另一方（设为红方）在$(t,t+\mathrm{d}t)$中被杀伤的期望数便是

$$E(\text{在}(t,t+\mathrm{d}t)\text{ 中红方被杀伤数}) = \frac{y\mathrm{d}t}{\mu}$$

这里，$E(\cdot)$表示“$\cdot$”的期望值. 因此，在单一武器战斗模型中的方程应变作

$$-\mathrm{d}x = E(\text{在}(t,t+\mathrm{d}t)\text{ 中红方被杀伤数}) = ay\mathrm{d}t$$

以上两式相比，可见 a 应定义为$\dfrac{1}{\mu}$. 因此，在单一武器战斗的模型中，给定射程时的损耗率或毁伤率可定义成

$$a_{ij}(\text{在射程为 } r \text{ 时}) = \frac{1}{E(T_{ij} \mid r)}$$

这里 $E(T_{ij}|r)$是指在给定射程为 r 的条件下，蓝方第 i 群武器中的单个武器在破坏一个处于被动状态的红方第 j 群目标时的期望时间. 显然，射程变化时损耗率会受到影响.

实际上，影响损耗率的因素还很多，并非只有射程，而且，上面假设的每次射击总有杀伤也并不合理. 所以还有更进一步讨论的必要. 假设我们讨论的是坦克炮的系统，它的损耗率可看作是一个重复单射且具有马尔可夫性的射击武器系统. 我们可以采用概率密度函数以及在指定射程和瞄准一个指定目标时的杀伤时间（随机变量）的期望值来对损耗率进行计算，或采用马尔可夫更新过程这类数学工具进行分析. 这种更新模型中，我们应该假设：

(1)武器系统是采取重复、单发射击、具马尔可夫性的系统；

(2)每一发弹的命中的杀伤概率相同；

(3)第一发弹的射击时间不是随机的，在击中或脱靶后的第二次的条件射击时间也不是随机的；

(4)在前一次射击（击中或脱靶）的结果之后的另一发弹的射击的概率并不受交战中各种已有历史情况（如已射击的弹数或先前已击中的弹数等）的影响；

(5)一方被杀伤后交战停止.

对此模型，由于篇幅所限，恕不再讨论下去了.

在讨论损耗率时,还必须引入致命度或毁伤度的概念.我们用这个致命度作为杀伤敌方程度的度量单位.显然,这里的致命度或毁伤度是指当对目标进行射击时目标受到的损伤程度.这是影响目标战斗效果的重要数据.假如目标(即敌方的武器)的战斗效能降低到零,那么他必然不能在以后的战斗中对我方造成威胁.此时便可认为他已被击毁或被杀伤.而从我方来说,也可依照一个敌方的目标在战斗中是否失去战斗作用而判定它是否被击毁或被杀伤.注意,击中并不等于杀伤,例如对一辆敌方坦克进行攻击,也可能一发弹便击中其要害部位,但也可能对其只有轻微伤害,并不影响其战斗力.所以,我们有必要引进概率$P(K|H)$或P_K,其中H表示击中,K表示杀死.这个概率是表示在击中目标的前提下将目标杀死的条件概率.这种概率的估计当然与各类不同的武器有关.

还可考虑另一种衡量致命度的方法,即讨论为能毁伤目标而必须击中的弹的发数.因为对目标只需毁坏一次,所以这种度量与条件杀伤概率P_K有关.因此,考虑以下的密度函数:

$$P(z) = (1-P_K)^{z-1}P_K$$

这里z是击毁目标所必需的弹发数.若再记$E(T|z)$为发射z发弹而击毁目标的期望时间,那么毁伤目标的期望时间$E(T)$为

$$E(T) = \sum_{z=1}^{\infty} E(T \mid z)P(z)$$

于是可定义武器系统的损耗率(或杀伤、毁伤率)如下:

$$a = \frac{1}{E(T)}$$

对各类不同类型的武器系统的损耗率的研究是一项基础工作.

假如把损耗(杀伤、毁伤)率看作射程r的函数,即$a(r)$,$b(r)$,此时,可以改写方程组(2.27).注意,r应该是时间t的函数.事实上,由于

$$\frac{\mathrm{d}x(t)}{\mathrm{d}t} = -a(r)y(t)$$

所以

$$\frac{\mathrm{d}^2x}{\mathrm{d}t^2} = \frac{-\mathrm{d}a(r)}{\mathrm{d}r} \cdot \frac{\mathrm{d}r}{\mathrm{d}t}y(t) - a(r)\frac{\mathrm{d}y}{\mathrm{d}t}$$

再由

$$\frac{\mathrm{d}y(t)}{\mathrm{d}t}=-b(r)x(t) \quad 及 \quad \frac{\mathrm{d}x(t)}{\mathrm{d}t}=-a(r)y(t)$$

便得

$$\frac{\mathrm{d}^2 r}{\mathrm{d}t^2}=\frac{v}{a(r)}\frac{\mathrm{d}a}{\mathrm{d}r}\frac{\mathrm{d}x}{\mathrm{d}t}+a(r)b(r)x(t)$$

其中 $v=\frac{\mathrm{d}r}{\mathrm{d}t}$两军(或两武器)间的相对速度,但

$$\frac{\mathrm{d}x}{\mathrm{d}t}=\frac{\mathrm{d}x}{\mathrm{d}r}\frac{\mathrm{d}r}{\mathrm{d}t},\frac{\mathrm{d}^2x}{\mathrm{d}t^2}=\frac{\mathrm{d}^2x}{\mathrm{d}r^2}\left(\frac{\mathrm{d}r}{\mathrm{d}t}\right)^2+\frac{\mathrm{d}x}{\mathrm{d}r}\frac{\mathrm{d}^2r}{\mathrm{d}t^2}$$

若记$\frac{\mathrm{d}^2r}{\mathrm{d}t^2}=w$,它是两军(或两武器系统)间的相对加速度,则有

$$v^2\frac{\mathrm{d}^2x}{\mathrm{d}r^2}+\frac{\mathrm{d}x}{\mathrm{d}r}w=\frac{v^2}{a}\frac{\mathrm{d}a}{\mathrm{d}r}\frac{\mathrm{d}x}{\mathrm{d}r}+abx$$

也即

$$\frac{\mathrm{d}^2x}{\mathrm{d}r^2}+\left(\frac{w}{v^2}-\frac{1}{a(r)}\frac{\mathrm{d}a(r)}{\mathrm{d}r}\right)\frac{\mathrm{d}x}{\mathrm{d}r}-\frac{a(r)b(r)}{v^2}x=0 \qquad (2.28)$$

即化作了自变量为 r 的方程.同理可得

$$\frac{\mathrm{d}^2y}{\mathrm{d}r^2}+\left(\frac{w}{v^2}-\frac{1}{b(r)}\frac{\mathrm{d}b(r)}{\mathrm{d}r}\right)\frac{\mathrm{d}y}{\mathrm{d}r}-\frac{a(r)b(r)}{v^2}y=0 \qquad (2.29)$$

我们可以用这两个方程来描述红、蓝两方的生存数.这是对运动中的部队之间的战斗杀伤的研究.我们可以用图来表示在给定 $a(r)$,$b(r)$的情况下,进攻速度与进攻部队的数量的关系(图 2.5).图中曲线

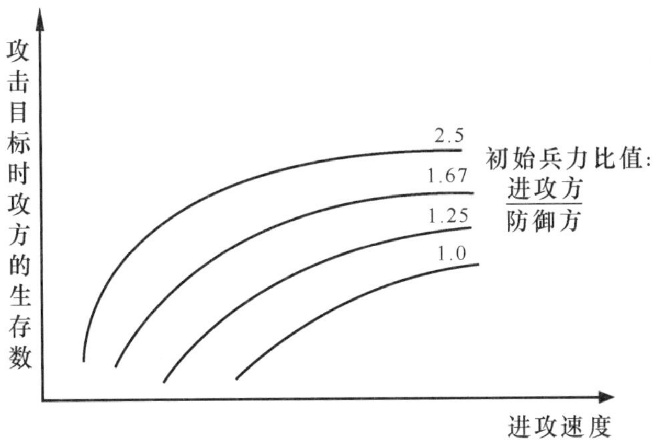

图 2.5　攻方生存数与进攻速度间的关系

表明进攻速度增加会使进攻部队提高其生存能力.而在给定的进攻速度上,只有增加部队的数量,或增大(进攻部队数/防守部队数)的初始

比值，才能保持进攻部队较高的生存能力. 当然，反过来，防御部队若能集中力量，必然能提高其防守能力. 这里揭示的规律说明为什么说："兵贵神速"，或为什么说部队要提高其机动能力.

最后，让我们再通过一个模型来说明损耗率以及兰彻斯特方程的应用. 设想是团一级的两支部队进行交战. 假设交战的时间并不很长，此时，设

(1)武器系统的毁伤是由于敌人攻击的结果；

(2)人员的伤亡也是由于敌方攻击的结果；

(3)当然，双方都消耗了物资；

(4)由于交战时间不长，故忽略在此短时间内双方援军到达战场的可能性；

(5)假设双方都是由不同的兵种或战斗分队以及不同的武器系统构成.

并假设：

x_j：红方的第 j 个分队（$j=1,2,\cdots,J$）仍然生存的人数；

y_i：蓝方的第 i 个分队（$i=1,2,\cdots,I$）仍然生存的人数.

不同的分队（持有不同的武器）具有不同的战斗力，并且它们的用途也不一样. 此外，不同的武器系统在不同的射程处的杀伤率也不一样. 这些都应加以区别. 再设红方的第 j 分队由于蓝方第 i 分队的攻击而损伤的损耗率与蓝方的第 i 分队的人数成正比. 类似地，对于蓝方第 i 分队的损失也有相应的假设. 这样一来，便可建立以下的描述多种武器与多兵种的变系数的微分方程组：

$$
\begin{cases}
\dfrac{\mathrm{d}x_j}{\mathrm{d}t} = -\sum\limits_i A_{ij}(r_{ij})y_i, & j = 1,2,\cdots,J \\
\dfrac{\mathrm{d}y_i}{\mathrm{d}t} = -\sum\limits_j B_{ji}(r_{ij})x_j, & i = 1,2,\cdots,I \\
x_j(t_0) = X_j^{(0)}, y_i(t_0) = Y_i^{(0)}, & j = 1,\cdots,J; i = 1,\cdots,I
\end{cases}
\tag{2.30}
$$

式中 $A_{ij}(r_{ij})$ 表示蓝方的第 i 分队攻击红方第 j 分队时，它们之间的距离为 r_{ij} 时蓝方对红方的杀伤而形成的杀伤率，或红方损耗率，也可称为蓝方的杀伤系数，类似地可解释 $B_{ji}(r_{ij})$ 的含义.

上面已经谈到杀伤率是由武器效能、目标特征等决定的，事实上它还与许多其他因素有关，除以上两项外，它还受目标的（疏散）分布

以及指定武器向某些目标射击时武器的分配情况、对于敌方的情报、地形的状况等等因素所影响，所以是以上诸因素形成的一个复杂的函数．为了能反映这种复杂情况，我们把杀伤情况（过程）的研究分成以下几个部分：

（1）武器系统向一个有战斗能力的目标射击时的效率；

（2）把武器分配给射击各目标时的分配过程；

（3）交战时射击的无效性；

（4）由于地形的限制而使机动或捕获目标等性能受到的影响．

显然，以上几种情况都会影响杀伤率．为了说明它们，我们假设：

$a_{ij}(r_{ij})$——射程为 r_{ij} 时蓝方第 i 分队中一个单件武器射击红方第 j 分队中仍生存的目标时的杀伤率；

$e_{ij}(r_{ij})$——分配因子，指在射程为 r_{ij} 时蓝方第 i 分队的武器系统指向红方第 j 分队的目标射击的分配比例；

$I_{ij}(r_{ij})$——瞄准因子，指在射程为 r_{ij} 时蓝方第 i 分队中正在向红方第 j 分队中仍然生存的目标射击的那一部分的比例；

$F_{ij}(t)$——地形及观测因子，蓝方第 i 分队中仍然生存并且在时刻 t 发现红方第 j 分队的目标的百分比．

这样一来，可设杀伤系数为

$$A_{ij}(r_{ij}) = a_{ij}(r_{ij})e_{ij}(r_{ij})I_{ij}(r_{ij})F_{ij}(t) \tag{2.31}$$

类似地，可以给出

$$B_{ji}(r_{ij}) = b_{ji}(r_{ij})h_{ji}(r_{ij})K_{ji}(r_{ij})G_{ji}(t) \tag{2.32}$$

式中 b_{ji}，h_{ji}，K_{ji}，G_{ji} 的含义可与 a_{ij}，e_{ij}，I_{ij}，F_{ij} 类似地解释．

当然，确定以上诸因子也是比较复杂的．不过，我们可以按以下方法确定．

杀伤（或损耗）率可定义为

$$a_{ij}(r_{ij}) = \frac{1}{E(T_{ij} \mid r_{ij})}$$

分配因子可由指挥员（或司令官）根据战术的需要而确定，或根据目标的（军事）价值来进行分配，或按以下规则进行分配：

若对一切 j，有 $a_{ik}b_{ki} > a_{ij}b_{ji}$，则蓝方：

第 i 群武器分配于承担对红方第 k 群目标的攻击．同样，若对一

切 i，有

$$b_{jk}a_{kj} > b_{ji}a_{ij}$$

则红方将分配其第 j 群武器承担对蓝方第 k 群目标的攻击.

瞄准因子. 除去按上述定义外，我们还应考虑到正在进行射击的武器却瞄准(或击中)已经毁坏了的目标，或瞄向了无目标的区域. 因为这些射击都是无效的. 所以，我们定义

$$I_{ij}(r_{ij}) = \frac{P_L\overline{T}_L}{P_L\overline{T}_L + P_D\overline{T}_D + P_V\overline{T}_V} \tag{2.33}$$

其中 P_L——在向目标射击时，射中一个生存目标的概率；

$\overline{T}_L$——在转移射击目标之前击中一个生存目标的期望或平均时间；

P_D——在向目标射击时，射中一个已毁目标的概率；

$\overline{T}_D$——在转移目标前击中一个已毁(或死亡)目标的期望或平均时间；

P_V——向目标射击时，射向无目标区域的概率；

$\overline{T}_V$——在转移射击目标前，射向无目标区域的期望或平均时间.

射向无目标区域就是脱靶，其原因很多，例如在监测过程或识别过程中由于激烈的战争，经常会出现许多不确定因素，或射向了假目标或诱饵等等. 当然，也与战士的训练素养甚至心理状态有关.

地形的影响. 地形对于作战是很有影响的，特别对于发现目标来说，开阔地与森林或山岳地带就不一样. 此外，部队还可以采取伪装，敌方在运动过程中，也可以充分利用地形进行掩护等等. 对于它们，我们可定义“地形及搜索因子”. 我们也同样可以用概率分布的方法来确定这个因子. 但限于篇幅，这里就不再介绍了.

在确定了上述因子后，可将数据输入到计算机中进行计算. 不过，这时的微分方程组应由以下的近似的差分方程组代替：

$$\begin{cases} x_j(t+\Delta t) = \max\left\{0, x_j(t) - \sum_{i=1}^{I} A_{ij}(t)y_i(t)\Delta t\right\}, j = 1,2,\cdots,J \\ y_j(t+\Delta t) = \max\left\{0, y_j(t) - \sum_{j=1}^{I} B_{ji}(t)x_i(t)\Delta t\right\}, i = 1,2,\cdots,I \\ x_j(t_0) = X_j^{(0)}, y_i(t_0) = Y_i^{(0)}, j = 1,\cdots,J; i = 1,\cdots,I \end{cases} \tag{2.34}$$

这里 Δt 是计算时所取时间的步长.例如,可取 5 分钟为一个步长等等.

经过计算机计算,对于每一个时间步长,应有一些计算输出,这些输出可用列表(或图像等)方法显示.它们涉及所有武器群在射击过程中的一切情况——包括射击者及目标的情况.它们指武器群的数目、它们的位置、相互间的距离(射程)、运动的态势、可观察(即能见度)状况,正在射击的武器群的分配的百分比、使用的弹药类型、杀伤率以及杀伤的总量,等等.还可以改变参数,这样,每一个时间步长都给出一个简表,可以使指挥员了解作战过程及武器损伤情况,帮助他们下决心.

2.7 战斗力指数

兰彻斯特方程的方法比较复杂,而且有时对一些问题的分析,也存在困难和缺点,因此不能被军事指挥人员普遍地接受,所以人们又提出"战斗力指数"的理论.从数学上看,这是"效用函数"理论在描述战斗时的应用.它是指敌我双方不同兵种、不同参战人员,在不同的时间、地点、不同的战斗方式和不同的战斗环境条件下进行战斗时,对武器装备的战斗效能进行客观估值的一种指标.这类指标已有不同的单位进行研究和发展,例如美军作战发展司令部运筹部和兰德公司等在模型模拟中使用的"指数"以及"火力潜力分数",通用动力公司采用的"武器指数",以及美国退役上校杜佩指出的"致命指数"等等,均属这一类.例如,武器火力指数主要就是指武器本身在特定条件下发射弹药引起的火力杀伤效果.而武器指数除火力指数,还应考虑武器系统的战斗性能、武器在作战环境中的机动能力、生存能力等等.有时,在模型中还要考虑武器的综合战斗力指标.

在战场上,常常是多种类型的武器混合使用的.为便于讨论,通常是以一种最常用的武器的火力指数为基础,对各类其他武器的火力指数按基础武器火力指数进行估计和折算,并与实际(或试验)相比较而进行修正.所以,修正系数一般可来自三个方面:(1)理论分析;(2)战争经验;(3)实兵演习与靶场试验.这种方法的优点是简单明了,易于掌握,因而较为广大指挥员欢迎.

人们自然会问，这类“火力指数”与兰彻斯特方程的理论有无关系呢？我们认为，它们之间有比较密切的关系.可以在不同的条件下用给出描述各特殊武器系统的兰彻斯特方程进行描述“火力指数”，只不过军事专家们在给定这类火力指标时，更相信他们的经验和靶场的数据罢了.

2.8 总　结

现在让我们回顾一下，我们在描述时都会使用哪些数学工具.假如我们把战斗的效果——杀伤或击毁看作是散布在双方武装力量之间的“集函数”，这就要对这类“效果”引进度量问题，此时自然会引用效用理论(Utility Theory).当然，战场上双方力量的消长是一种运动过程，可以采用微分方程——常微分方程组或偏微分方程组加以描述.这些方程组很可能是变系数且是非线性的.由于我们可以采取偷袭或埋伏等方式，因此，可以设想要引入时间滞后项，也即引进差分微分方程.又因为在战场上偶然性因素太多，我们自然会设想采用随机微分方程的理论加以研究.

不论是损耗率，还是单一武器之间的对抗，都更容易使我们想到随机过程尤其是马氏过程这一数学工具.

至于兰彻斯特方程的计算，当然会用到许多计算方法，或者采用模拟仿真的方法.

目前，我们数学方法感到无能为力时，主要使用计算机进行模拟，这就形成了“解析-模拟型”的模型.能否把“解析”的成分再增大一些呢？这就要依靠数学工具的进步了.

由本章可见，数学之于军事，真是一个十分了不起的工具啊！然而，这里还要浇一点冷水.虽然我们采用数学可以揭示许多军事作战的基本规律，然而只靠计算机和数学模型是不能打胜仗的.赵括的“纸上谈兵”，坑陷了赵国的40万大军，就是战争史上令人感叹的例子.须知，战场上两边对抗的都是十分理智而机灵的人，战场形势也瞬息万变.因此，打胜仗仍然需要指挥员的正确而果断的指挥艺术和战士的顽强战斗精神.这在双方实力比较接近时尤其是如此.

三　和武器装备有关的数学

3.1　武器装备的进步

武器是人类作战的工具.从原始的石块、棍棒,逐渐进步到弓、箭、刀、矛……直到现代的核武器、远程导弹等等.这是一个漫长的发展过程,而每一种重要武器的出现,总是和科学技术的进步分不开,而这种科学技术的突破性发展,也总是渗透着数学的影响.

让我们简单地回顾和比较一下历史.

在冷兵器时代,人们使用的是刀、剑、长矛、弓箭、盾牌等.它们的支撑技术无非是冶金(炼铜、炼铁等等)技术.这时的数学理论也不过是几何、三角和简单的代数.当然,古代的科学家也会卷入到战争中为军队服务,例如,希腊的数学家阿基米德就曾创制了一种抛掷石块的武器来帮助军队保卫他的家乡叙拉古.传说他还采用将太阳光聚焦的方法来烧毁敌船.他在这些方法中运用了力学、光学和几何的原理.曾经叱咤欧洲大地的法兰西皇帝拿破仑,已经使用了火枪和火炮.此时,武器发展早已进入黑火药时代.这时的欧洲各国有的已经进入了工业革命或即将进入工业革命时代,冶金技术更加进步,机械制造工业也日臻发达,而在这个时代,数学中的微积分理论已经取得令人眼花缭乱的进步.弹道学已经在萌芽,人们已经认识到射击理论中需要数学,以至于法军统帅拿破仑在法军军官中提倡研究数学.在第一次世界大战期间,出现了一些重要的武器:坦克见于1916年,飞机用于战斗是在1917年.虽然它们在当年并不那么威风,然而随着时间的推移和对它们的改进,目前它们已经是位于最重要的作战武器之列了.坦克的出现,除了特种合金的冶金技术、精密的机器制造业之外,还需要发动机的制造技术.这当然需要热力学的理论,以及相应的数学工具.至于飞机的出现,假如没有流体力学、空气动力学的理论研究,我们很难想象它们能自如地在天空飞翔,更谈不上作战了.而流体力学等等,常常被看作是传统的应用数学的分支.

在武器发展过程中,“矛”和“盾”常常是共同发展的.假如把战略轰炸机看作“矛”,那么雷达就是“盾”的一部分.雷达是利用微波(波长很短的无线电波)进行远距离的定向监测敌方飞行物体的武器装备.假如没有麦克斯韦关于电磁场的方程组的讨论,我们至今也许只能在敌机飞临头顶之时才能发现它.然而,电磁场理论的讨论,却需要研究波的传导方程等等各种偏微分方程,也要研究许多特殊函数的性质等等.事实上,任何新式雷达的设计,无不需要解算大量的电磁场方程.

在第二次世界大战的后期,出现了最初的导弹V-2火箭,以及最后几天出现的原子弹,它们揭开了现代武器发展的序幕.在现代武器库中,又充满了各式各样的导弹:近程的,中程的,远程的;地-空、空-空等.导弹弹头也各式各样,有携带核弹头的,也有普通弹头的.作为现代武器的支撑技术,我们可以罗列许多种,例如,空气动力学、流体力学、推进技术、新能源、新材料、制导与控制技术、仿生学与人工智能、机器人技术、热辐射与辐射探测技术、雷达探测技术、水下探测技术、电子战技术、计算机与信息处理技术、微电子与超大规模集成电路、光学与光学技术、定向能(激光)武器、动能武器、传感器技术、柔性生产制造工艺、弹头、空间技术等等.这些支撑技术中的绝大多数之所以出现巨大进步,无不与数学理论的发展有关.

从武器装备的发展和科学技术的进步的关系看,也许我们可以得出这样的概念:武器装备发展的需要刺激了科学与技术的进展,而科学技术的进步又推动了数学理论和方法的研究;反之,数学中的任何巨大进展都能为科学与技术提供新的分析、研究与计算的工具.科学与技术的重大突破,又常常给新武器的出现带来了可能.

在这一章中,我们既不准备也不可能去谈论武器装备中可能遇到的各类问题,只能挑几种问题向大家介绍一下.

3.2 射击效率

每个军人和每个武器设计专家对武器性能都是非常关心的.对于那些进攻性的武器,它的射击效率大概是十分重要的了.

每一件射击类武器,从原始的弓箭,到先进的导弹,当它们瞄准并射向目标时,由于种种随机因素——武器本身的系统误差、战士的训练素质、发射装置的振动、自然的原因(如风速、地心引力……),弹着点与原来瞄准的目标的位置常常并不一致.在靶场中,在一定条件(同一条件)下大量重复射击,我们发现弹着点总是围绕着某一点散落的,这些点密集在此点的周围,我们称这一点为散布中心.经过大量的统计发现,这种弹着点的散布是服从正态分布规律的.假如我们考虑的是平面散布,并设目标的位置在坐标原点,那么,弹着点对目标的偏离,可以用两个随机变量 x、y 加以描述.这里,x、y 分别是弹着点的横坐标和纵坐标.对于这类平面散布,可假设它的概率密度为$\varphi(x,y)$.在正态分布的假设下,$\varphi(x,y)$为

$$\varphi(x,y)=\frac{1}{2\pi\sigma_x\sigma_y}\mathrm{e}^{-\frac{1}{2}\left(\frac{(x-\mu_x)^2}{\sigma_x^2}+\frac{(y-\mu_y)^2}{\sigma_y^2}\right)}$$

其中(μ_x,μ_y)为散布中心,也即平均弹着点位置的坐标.由于靶心在原点,所以(μ_x,μ_y)又称为系统误差.σ_x 和σ_y分别为沿 Ox 轴与 Oy 轴的均方差.此时,弹着点的坐标为

$$x=\mu_x+\varepsilon_x,y=\mu_y+\varepsilon_y$$

$\varepsilon_x,\varepsilon_y$ 是随机误差,它随着各次射击而随机改变.显然,射击条件相同时,系统误差 μ_x,μ_y 应不变化.

对于神枪手来说,或在比较规范的射击条件下,散布中心往往与靶心相一致.故若设$(\mu_x,\mu_y)=(0,0)$,则

$$\varphi(x,y)=\frac{1}{2\pi\sigma_x\sigma_y}\mathrm{e}^{-\frac{1}{2}\left(\frac{x^2}{\sigma_x^2}+\frac{y^2}{\sigma_y^2}\right)}$$

如果随机变量 x,y 是相互独立的,那么

$$\varphi(x,y)=\varphi(x)\varphi(y)$$

其中

$$\varphi(t)=\frac{1}{\sqrt{2\pi}\sigma_t}\mathrm{e}^{-\frac{1}{2}\left(\frac{t}{\sigma_t}\right)^2}$$

这里 t 为某随机变量.在此情况下,弹着点散布函数为$F(x,y)$,且

$$F(x,y) = F(x)F(y)$$

其中

$$F(t) = \int_{-\infty}^{t} \varphi(s)\mathrm{d}s$$

系统误差 μ_x,μ_y,均方误差 σ_x,σ_y 等均称为散布特征.

在讨论射击效率时,必须涉及“击毁”这一概念.因为只有击毁敌方的目标,才能使对方的战斗能力完全丧失.然而,就击毁而言,情况却千变万化.有一些射击可能只有直接命中目标的情况下,才能击毁目标,而另一些射击(例如弹头威力大的射弹)在目标附近的某个距离范围内爆炸也能击毁目标.当然,这也受一定的距离限制.这样一来,我们应该引进一个概念——目标击毁率,它是指当一定数量的带触发引信的战斗部在直接命中目标时,或触发引信的战斗部在某点爆炸时击毁(杀伤)目标的条件概率,记作 $G(K)$.

然而,击毁率 $G(K)$ 是比较复杂的.它既取决于(所射弹丸的)战斗部的威力,也与目标的易损程度有关.当然,还与弹着点、引信的动作特点等等有关.

另外,什么叫击毁?这是一种难以确定的标准.例如,对一辆坦克射击,可能把它完全摧毁,变成一堆废钢铁;也可能毁掉它的履带使之无法行动;也可能击毁它的炮塔,或者,使其乘员受伤无法进行操纵等等.对于敌方目标的状态,有时是根据射击后的观测来判断的,因此,它还常常带有主观成分.

再看射弹的威力,它通常包括破片效力、冲击波效力、侵彻效力、爆破效力等等.对某个目标,有时只是一种效力起作用,对另一些目标,可能是几种效力的共同作用.虽然如此,我们却常常把在一定目标条件下,毁伤标准的难易程度或效果的好坏作为射弹的效力(或威力).

另外,就是目标的易损性(易毁性),它是指目标被毁伤的难易程度或毁伤大小.它与目标的构造、坚固程度、幅员大小、外部形状、关键部位的数量及其位置等有关.当然,它也与射弹效力密切相关.用一支手枪向坦克射击可以说是以卵击石,但用一枚反坦克导弹来射击,坦克就可能要呜呼哀哉了.

就目标而言,还有一个目标受弹面积,它是目标的实际幅员在某一平面(如地平面、破片流方向垂直的平面与射击方向垂直的平面等)的投影面积. 对一个目标来说,它的实际幅员或受弹面积可分为非致命部分与致命部分. 显然,易毁面积指致命部分,可以用百分数表示.

这样一来,我们可以把击毁率(即战斗部爆炸时击毁某目标的条件概率)$G(K)$定义作:

$$G(K) = 1 - (1 - \alpha)^K$$

其中 α 表示一发射弹击中目标时的目标被毁率,或目标致命部位的相对面积,K 是击中的弹的发数. 若假设命中弹对目标没有损伤积累,也即各发弹击毁目标的事件相互独立,并且每次命中目标的毁伤概率相同,则击毁目标的射弹平均数(期望数)应为

$$E = 1 + [(1-\alpha) + (1-\alpha)^2 + \cdots] = \frac{1}{\alpha}$$

让我们讨论一下对某些单个目标(如飞机、坦克等,它们的尺寸相对较小,且能完成一定战斗任务的单独目标)的射击效率. 这里,效率指标是指击毁该目标的概率. 若用 A 表示"击毁目标"这一事件,则该概率应记作 $W=P(A)$. 假如攻击的目标是面目标(例如机场或其他有相当幅员的目标),通常可取被毁目标面积的百分数或被毁目标的百分数(如停在机场中的敌机被毁的架数)的数学期望作为射击效率指标.

现在来计算 $W=P(A)$. 设用武器直射目标时,目标被毁概率用 $G(K)$表示. 假设对某单个目标射击 n 次而有 m 发弹击中目标的概率是 $P_{m,n}$,又设有一发弹命中目标、两发弹命中目标……所有 n 发弹都命中目标等诸事件是互不相容的,那么

$$W = P(A) = \sum_{m=1}^{n} P_{m,n} G(m)$$

让我们举个例子. 设有某军事设施,它的幅员可划分成三个部分:Ⅰ区、Ⅱ区、Ⅲ区,其中Ⅰ区为要害部分,占 30%;Ⅱ区为次要害部分,占 20%;Ⅲ为非致命部分,占 50%. 攻击Ⅰ区,只需 1 枚某型导弹即可将该设施摧毁;攻击Ⅱ区需同型号导弹 2 枚;而攻击Ⅲ区至少需同型号导弹 3 枚. 现向该设施发射同型号导弹 4 枚,设命中 1、2、3、4 枚的概率分别是 $P_{1,4}=0.3$,$P_{2,4}=0.35$,$P_{3,4}=0.20$,$P_{4,4}=0.15$,试计算该军事设施的被毁概率 W.

实际上,只需算出 $G(K)(K=1,2,3,4)$便可得到 W. 因为Ⅰ区只

有中 1 枚导弹才算被毁，而 Ⅰ 区所占面积为 30%，所以$G(1)=0.30$. 发射 2 枚时，必须至少有 1 枚击中 1 区或 2 枚均击中 Ⅱ 区，所以

$$G(2) = 1-(1-0.3)^2+(0.2)^2 = 0.55$$

3 枚命中而该设施未被击毁的情况，只有在 1 枚击中 Ⅱ 而 2 枚击中 Ⅲ 区时才可能出现，所以

$$G(3) = 1-3\times 0.2\times (0.5)^2 = 0.85$$

由于击中 Ⅲ 区 3 枚以上即可将该设施摧毁，所以，只要 4 枚均命中，在任何情况下该设施均被摧毁，因此 $G(4)=1$. 从而

$$W = \sum_{m=1}^{4} P_{m,n}G(m) = 0.603$$

学习过概率论的读者一定会看到，关于命中目标概率的计算，单发命中的概率是非常重要的. 前面已经谈到，射弹散布是服从正态分布的，通常可以假设散布中心与靶心（即目标）一致. 然而，对于略大的目标，不能视作点目标，目标的形状就会与单发命中率有关了.

面目标的外形多种多样，它可能是某要塞、某城市、一座重要的桥梁、一艘军舰等等. 因此，它可能是方形、圆形、椭圆形、矩形、立方体等等. 在这种情形下，我们要另外设法. 既然射弹散布服从正态分布，我们可以计算随机变量对于数学期望的偏差在$(-\beta,\beta)$内的概率 $\Phi(\beta)$（图 3.1）. 假设考虑一维的随机变量 x，此时，

$$\Phi(\beta) = P\{-\beta < x < \beta\}$$

由此出发，我们可以进一步讨论并计算单发射弹落入各种形状域中的命中概率. 下面我们罗列一些结果：

(1)射弹落入矩形域（图 3.2）.

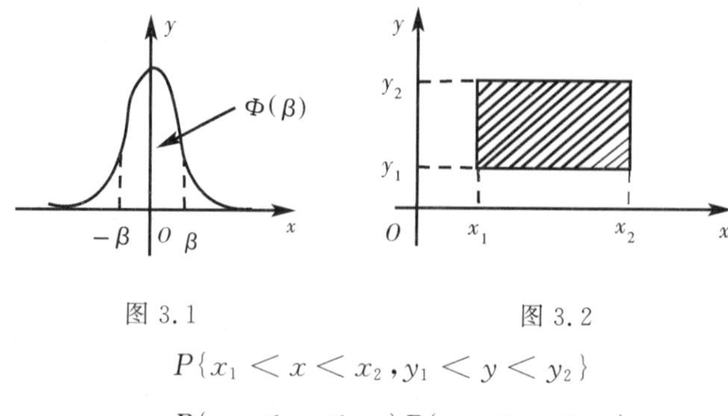

图 3.1　　　　图 3.2

$$\begin{aligned}&P\{x_1 < x < x_2, y_1 < y < y_2\}\\&=P\{x_1 < x < x_2\}P\{y_1 < y < y_2\}\end{aligned}$$

$$=\frac{1}{4}\left[\Phi\left(\frac{x_2}{E_x}\right)-\Phi\left(\frac{x_1}{E_x}\right)\right]\left[\Phi\left(\frac{y_2}{E_y}\right)-\Phi\left(\frac{y_1}{E_y}\right)\right]$$

其中

$$E_x=\sqrt{2}\rho\sigma_x, E_y=\sqrt{2}\rho\sigma_y, \rho=0.4769$$

(2)射弹落入带状域(图 3.3、图 3.4)

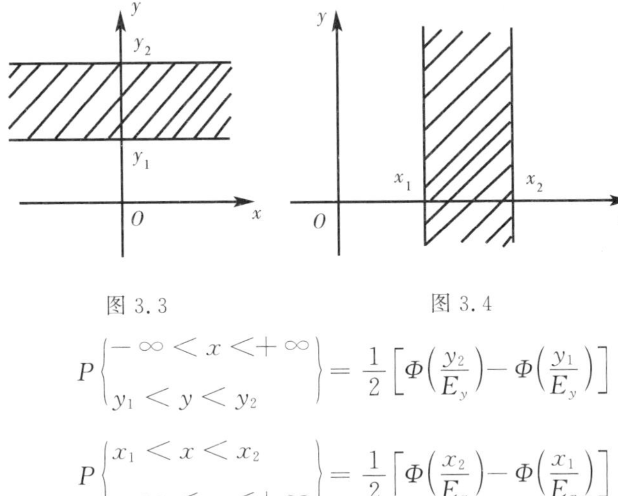

图 3.3　　　　图 3.4

$$P\begin{Bmatrix}-\infty<x<+\infty\\ y_1<y<y_2\end{Bmatrix}=\frac{1}{2}\left[\Phi\left(\frac{y_2}{E_y}\right)-\Phi\left(\frac{y_1}{E_y}\right)\right]$$

$$P\begin{Bmatrix}x_1<x<x_2\\ -\infty<y<+\infty\end{Bmatrix}=\frac{1}{2}\left[\Phi\left(\frac{x_2}{E_x}\right)-\Phi\left(\frac{x_1}{E_x}\right)\right]$$

(3)射弹落入圆域,此时设 $E_x=E_y=E, \mu_x=\mu_y=0$,则

$$P\{x^2+y^2\leqslant r^2\}=1-\mathrm{e}^{-\rho^2\left(\frac{r}{E}\right)^2}=1-\mathrm{e}^{-(\rho R)^2}$$

其中 $R=\frac{r}{E}$.

(4)射弹落入任意区域.这时,可用上述(1)～(3)中的区域近似地逼近.

(5)若目标尺寸与射弹散布区相比不大(比值不超过$\frac{1}{2}$～1)时,可用下述近似公式计算:

$$P=\frac{\rho^2 S}{\pi E_x E_y}\mathrm{e}^{-\rho^2}\left(\frac{\mu_x^2}{E_x^2}+\frac{\mu_y^2}{E_y^2}\right)$$

其中 S 是目标的面积.

下面再讨论一下对于目标群的射击效率问题.目标群是指由若干个目标构成的总体,这些目标可以是相同的,也可以是不相同的.例如它们可能是机群、坦克纵队、炮兵阵地,也可能是各类不同军事设施的组合.这些目标依据它们的配置状况,可分为密集目标群和疏散目标群两类. 所谓疏散目标群，是指每一发射弹最多只能击毁一个目标，也即各单个目标间的距离大于射弹的散布区与摧毁的作用区；密集目标群，是指各个目标间的距离较小，故而用来击毁一个单位目标的射弹，还可能击毁目标群中另外的单位目标.

对目标群的射击，存在着如何分配火力才能使射击效果最好的问题. 这实际上是一个数学规划的问题. 不过，应注意到，对于疏散目标群，每一发弹最多只能击毁一个目标，而对于密集目标群，每次除预定的目标外，还可能击毁其他目标. 此外，为了表明目标是否被击毁，我们还引进一个有关的特征数 x_i，$i=1,2,\cdots,N$，其中 N 是目标群中目标的个数. 定义 x_i 如下：

$$x_i = \begin{cases} 0,\text{第 } i \text{ 个目标未被击毁} \\ 1,\text{第 } i \text{ 个目标已被击毁} \end{cases}$$

假如再引入权系数 C_i，$\sum_{i=1}^{N} C_i = 1$，它表示分配给第 i 个目标上的射击火力的比例，那么，自然会设想应计算

$$E(x) = \sum_{i=1}^{N} C_i P(x_i)$$

其中，$P(x_i)$为第 i 个目标被击毁的概率.

假如是面目标，往往是计算毁伤了“某区域中约 50%(或 70%，或 80%)的目标”，这时也许需要用模糊数学的方法进行评估了.

在上面的讨论中，我们并未假设自己的武器发生故障. 然而，在战场的恶劣环境条件下，自己一方的武器也会因为受到攻击而损伤，或有时会产生各种意想不到的故障. 所以，我们还应该把故障率考虑进来.

由于在战场上某单个武器发生故障是随机的，我们利用统计的方法讨论在一定作战条件下同类武器发生故障的平均率. 这样一来，我们可以考虑如下的问题：用 n 个同一类型的武器向目标进行射击(或某武器向目标进行 n 次射击)，并假设：

(1)每次发射的概率特性——命中目标的概率、武器设备发生故障的概率——均相同；

若设 P_1 为发射装置在发射前正常并在发射时不发生故障的概率，那么，可假设：

(2)n 次发射中发射装置不发生故障的概率 $P(n)$ 为

$$P(n) = P_1^n;$$

(3)若以前各次发射均未能击毁目标，我们忽略以前各次发射对目标所造成的损伤的累积(因为在战斗中，我们难以对这类累积作用加以估计，所以为简单计，不妨忽略它).

若设在发射装置不发生故障时，一次发射便能击毁目标的条件概率为 R_1，那么，在(1)、(2)、(3)的假设下，一次射击便能击毁目标的(无条件)概率 $\widetilde{R}_1$ 应为

$$\widetilde{R}_1 = P_1 R_1$$

现在发射 n 发弹射击某目标，同时观察射击结果，试求射出 n 发弹时击毁目标的概率 $\widetilde{R}_n$. 考虑到在某次发射时可能会出现故障，因此，在相继的 n 次发射中，并非是相互独立的. 事实上，若某次发射时武器发生故障，则在其后的相继若干次发射，其命中或击毁敌目标的机会甚至可能是零. 所以，我们将另外加以考虑.

设 Q_K 表示从第 1 次到第 $K-1$ 次发射均未击毁目标，但第 K 次发射却击毁目标的概率，那么，前 $K-1$ 次未击毁目标而第 K 次击毁目标这事件，应该是表示：在 K 次发射中武器均未出现故障(此概率为 P_1^K)，并且在前 $K-1$ 次未击毁目标[此概率为$(1-R_1)^{K-1}$]，但在第 K 次发射中击毁目标(此概率为 R_1). 因此，Q_K 为

$$Q_K = P_1^K R_1 (1-R_1)^{K-1}$$

若记 $P_1(1-R_1)=z$，则

$$Q_K = P_1 R_1 z^{K-1}$$

因而显然有

$$\widetilde{R}_n = \sum_{K=1}^{n} Q_K$$

而发射次数的数学期望 E_n 为

$$E_n = \sum_{k=1}^{n} K Q_K$$

注意到，$\sum_{k=1}^{n} z^{k-1} = \frac{1-z^n}{1-z}$，所以 $\widetilde{R}_n$ 可改写为

$$\widetilde{R}_n = P_1 R_1 \frac{1-z^n}{1-z}$$

相应地有

$$E_n = P_1 R_1 \frac{nz^{n+1} - (n+1)z^n + 1}{(1-z)^2}$$

当 $n \to \infty$ 时,可得

$$\widetilde{R}_\infty = \frac{P_1 R_1}{1-z}, \quad E_\infty = \frac{P_1 R_1}{(1-z)^2}$$

以上对于射击效率作了一个粗略的描述.由这里可以看出,概率论、数理统计、随机过程等均可在这个领域中大显身手.

3.3 一次假想的核战争

自从 1945 年 8 月,美军分别在日本的广岛和长崎各投下一枚原子弹以来,第二次世界大战结束后的几十年里,尽管在地球上打的都是常规战,人们却始终感到核战争的幽灵在世界徘徊.虽然美苏两国已达成有关“中导”的协议,世界的局势也已在趋向缓和,但是美苏两国所拥有的核武器数量之多,仍然可以把对方彻底毁灭若干次.人们的心头上仍然存有许多疑虑,有谁能保证这个世界上今后不会出现一个战争疯子?

对核战争的担心并非杞人忧天.目前已经出现的核装置与当年投在广岛的那一颗原子弹相比,不知大了多少.当年的原子弹具有 12 000吨 TNT 炸药的当量,而 1964 年苏联在大气层试验爆炸的威力最大的装置为 5 800 万吨 TNT 当量,是投在广岛的原子弹的 4 833.3 倍,1971 年美国在地下的最大威力的核装置具有 440 万吨 TNT 当量,是投在广岛的原子弹的 366.67 倍.可见,当年的原子弹与现今的原子弹相比,是小巫见大巫了.即使“美苏核门槛禁试条约”(TTBT)规定的 15 万吨试验限额的原子弹,其拥有的 TNT 当量也是当年原子弹的 12.5 倍.

许多原子弹试验是在地下进行的,它所引起的地震波的波级可与地震相比.表 3.1 是一些对比统计(是根据美国、苏联与阿尔及利亚进行的地下试验统计的).

表 3.1　　原子弹试验与地震波情况

原子弹当量/千吨	面波震级
12	3.2
20	3.5
50	3.7
100	4
160	4.2
230	4.3
400	4.6
1 000	5
7 000	5.7

这只是一个大致的情形.由于试验场地的地质条件、岩石情况不同,所得结论并不一定与此表完全吻合.

原子弹爆炸后会产生巨大的火焰,火焰伴随着由热作用产生的飓风气流向地面上朝各个方向向内席卷,在一大片区域上快速释放出热量,从而引起燃烧的涡旋体、热旋风和伴带强烈对流的旋风柱,同时还会扬起大量尘埃,燃烧时会产生大量烟尘.除此以外,还伴随着冲击波和光辐射及放射性污染.其对人类社会破坏力之大确实是前所未有的.

如此威力巨大的核弹头塞满了核大国的武器库,怎么会使人们放心呢?

让我们设想 A、B 两个核大国,他们都拥有足够数量的核弹头和各种类型的发射装置:陆基洲际导弹,核潜艇,战略轰炸机.他们之间发生了战争,并假设战争很快升级为核大战.一方(比如 A 方)先行攻击,另一方(比如 B 方)拥有反击的核力量,这时的核大战会有什么结果呢?

由于核弹头破坏力很大,所以,谁先使用核弹,打击什么目标,对于战争的结局有很大影响.而核作战的毁伤程度又与国家的工业布局、人口分布状况、军事目标配置的区域以及工事的坚固程度等有关.这当然会涉及许多问题.下面,我们只讨论目标的选择与火力分配.

A 方可以用它的全部战略核武器袭击 B 方的战略目标与城市目标(包括工业设施),B 方受到核攻击后,用它剩余的战略核武器向 A 方进行反击.假如 A 方的核武器在发射之后,其陆基的导弹发射井、核潜艇等均已不携带核武器,那么,B 方认为打击陆基、核潜艇、战略轰炸机得不偿失，于是便集中剩余的（即未被 A 方摧毁的）核武器袭击 A 方的城市（包括工业设施），以便从根本上摧毁对方. 双方武器目标之间的射击关系如图 3.5 所示.

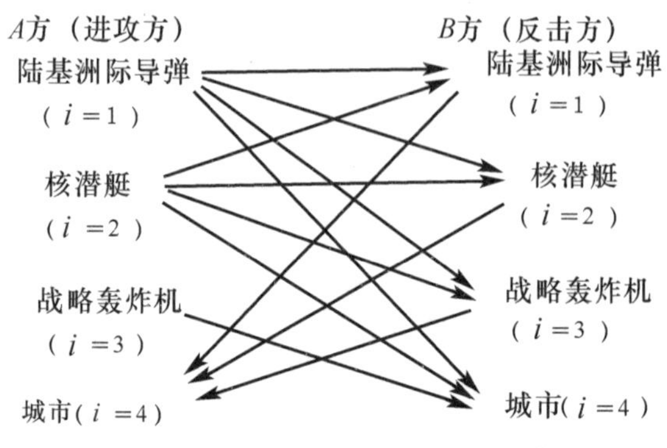

图 3.5

图中的箭头表明用什么武器装备袭击对方何种目标. 由于战略轰炸机飞行速度相对来讲比较缓慢，因此只用于袭击对方的城市.

那么，A 方的火力分配计划是什么呢？它可以有以下三种方案：

（1）A 方集中其全部战略核力量打击 B 方的各类战略核武器，这样便可减少它遭到 B 方反击时所受到的损失. 这种方案称之为“限制损伤”方案.

（2）A 方集中其全部战略核力量打击 B 方的城市目标（包括工业设施），使 B 方在人员和物质财富方面遭受到尽可能大的损失，以至于损伤“元气”.

（3）A 方以部分核力量袭击 B 方的战略核武器，同时以另外的核力量袭击 B 方的城市（或留下部分力量进行第二轮攻击）.

B 方采取什么反击措施呢？他可以设法保存他的核力量，例如，加固地下发射井，或采用机动的发射方式，以便使得在遭到 A 国袭击之后仍有能力摧毁 A 方的赖以生存发展的社会财富，比如占 A 方人口总数 30％以上的数百个大、中城市. 或者降低一点要求，在 B 方采取报复性反击时，对 A 方所造成的损失应超过 A 方对 B 方造成的损失. 这样，使 A 方在发动核战争时有所顾忌. 现在，不妨按这样的设想构造模型：

记 $X=\{x_{ij};i=1,2,3;j=1,2,3,4\}$ 为 A 方核武器分配向量，其中 x_{ij} 为 A 方第 i 类核武器指向 B 方第 j 类（$j=1,2,3$）核武器射击的个

数，x_{i4}为 A 方用于打击 B 方城市目标的个数.

记 $\boldsymbol{Y}=\{y_1,y_2,y_3\}$ 为 B 方核武器仍然生存的向量. 这里，$y_j=B_j(\boldsymbol{X})$，$j=1,2,3$，$B_j(\boldsymbol{X})$的含义是 B 方第 j 类武器在受到 A 方采用 $\boldsymbol{X}$ 的分配方案的袭击后仍然生存的个数.

再令 $D_B(\boldsymbol{X})$为 A 方采用 $\boldsymbol{X}$ 分配方案实施袭击后 B 方财富损失的总和；$D_A(\boldsymbol{Y})$表示 B 方生存向量为 $\boldsymbol{Y}$ 时实施核反击后 A 方财富损失的总和. 若 B 方以进行反击后使 A 方所受损失超过己方所受损失为准，则可建立以下核作战对抗数学模型：

$$
C\begin{cases}\max\limits_{\boldsymbol{Y}}\min\limits_{\boldsymbol{X}}\{D_A(\boldsymbol{Y})-D_B(\boldsymbol{X})\}\\ \text{约束条件：}\\ \sum\limits_{i=1}^{3}x_{ij}\leqslant m_i,i=1,2,3\\ y_j\leqslant B_j,j=1,2,3\\ x_{ij},y_j\geqslant 0,i=1,2,3;j=1,2,3,4\end{cases}
$$

式中 m_i 为 A 方第 i 类武器的数目.

显然，当 B 方反击时增加每一类武器的数量，只会使 A 方的财富受损更严重(至少损失不会减少). 因此，问题可转化为(注意受损为负)：

$$
\begin{cases}\min\limits_{\boldsymbol{X}}\{D_A(B(\boldsymbol{X}))-D_B(\boldsymbol{X})\}\\ \text{约束条件：}\\ \sum\limits_{i=1}^{3}x_{ij}\leqslant m_i,i=1,2,3\\ y_j\leqslant B_j,j=1,2,3\\ x_{ij},y_j\geqslant 0,i=1,2,3,j=1,2,3,4,\end{cases}
$$

其中

$$
B(\boldsymbol{X})=\{B_1(\boldsymbol{X}),B_2(\boldsymbol{X}),B_3(\boldsymbol{X})\}
$$

显然，要解这个问题，应先写出 $B_j(\boldsymbol{X})$，$D_B(\boldsymbol{X})$，和$D_A(B(\boldsymbol{X}))$的表达式.

首先，给出 B 方陆基(采用地下发射井)的洲际导弹弹头生存个数 $B_1(\boldsymbol{X})$. 此时设

n^l——B 方地下井总数；

p_r^l——A 方第 r 类武器对 B 方地下井的单发击毁概率；

ρ_r——A 方第 r 类武器的单发可靠性；

ω^l——B 方每发陆基导弹所携带分弹头的数目；

x_{r1}——A 方第 r 类武器分配用于打击 B 方地下井的数目，从而 B 方每个地下井遭到 A 方第 r 类导弹攻击的弹头个数为 x_{r1}/n^l.

利用概率论及我们前面介绍的关于射击效率的知识，可推出 B 方在遭到 A 方核袭击后 B 方陆基洲际导弹弹头生存个数的数学期望值应为：

$$B_1(\boldsymbol{X}) = w^l n^l \prod_{r=1}^{2} (1 - \rho_r p_r^l)^{x_{r1}/n^l}$$

而单发击毁概率 p_r^l 与 A 方核武器的精度、当量（即威力大小，以 TNT 炸药计）、B 方地下井的坚固程度有关，此时，p_r^l 可依下式计算：

$$p_r^l = 1 - \exp\left[-\ln 2\left(\frac{r_1}{C.E.P.}\right)^2\right]$$

式中 $C.E.P.$ 是 A 方核弹头圆概率偏差，r_1 为 A 方核武器对地下井袭击时的摧毁半径，这个 r_1 与核武器的当量、核效率试验中的有关数据以及地下井的抗超压强度有关.

同理，B 方的核潜艇在受到 A 方袭击后其发射导弹生存个数的期望值 $B_2(\boldsymbol{X})$ 可依如下公式计算：

$$B_2(\boldsymbol{X}) = n^s w^s \gamma^s \left[(1 - l^s) + l^s \prod_{r=1}^{2} (1 - \rho_r p_r^s)^{x_{r2}/n^s}\right]$$

其中 n^s——B 方核潜艇总数；

γ^s——B 方核潜艇上携带的导弹的数目；

w^s——B 方核潜艇发射的导弹所携带的弹头的数目；

l^s——A 方发现 B 方单艘核潜艇的概率；

ρ_r——A 方第 r 类武器所发射的导弹单发的可靠性；

p_r^s——A 方第 r 类武器对 B 方核潜艇的单发击毁概率；

x_{r2}——A 方第 r 类武器分配用于打击 B 方核潜艇的个数.

类似地，B 方的战略轰炸机在遭受 A 方袭击后仍生存的飞机所拥有的核弹头的个数 $B_3(\boldsymbol{X})$ 如下：

$$B_3(\boldsymbol{X}) = m^B \gamma^B \prod_{r=1}^{2} (1 - \rho_r p_r^B)^{x_{r3}/m^B}$$

其中　m^B——B 方战略轰炸机的机场的个数；

γ^B——B 方每架战略轰炸机所携带的核弹头的个数；

p_r^B——A 方第 r 类武器对 B 方轰炸机的单发击毁概率；

x_{r3}——A 方第 r 类武器用于袭击 B 方战略轰炸机机场的个数.

然后可根据 A、B 两国目标配置情况、双方核武器的精度、可靠性、当量以及其他战役指标并按一定的火力计划，分别计算出对于对方城市进行攻击时所造成对方的人员与财富损失的百分比，并经过曲线拟合，还可求出 A、B 双力财富总损失 $D_B(\boldsymbol{X})$、$D_A(\boldsymbol{Y})$ 的表达式如下：

$$D_B(\boldsymbol{X}) = \upsilon_B\left[1-\exp\left(-\sum_{i=1}^{3}\mu_i^B x_{i4}^{\upsilon_i^B}\right)\right]$$

$$D_A(\boldsymbol{Y}) = \upsilon_A\left[1-\exp\left(-\sum_{j=1}^{3}\mu_j^A y_j^{\upsilon_j^A}\right)\right]$$

其中，υ_B、υ_A 分别为 B、A 两国社会财富的总和，μ_i^B，μ_j^A，υ_i^B，υ_j^A 均由曲线拟合所得. 综上所述，核作战对抗的数学模型如下：

$$\begin{cases}\min\limits_{\boldsymbol{X}}\left\{\upsilon_A\left[1-\exp\left(-\sum_{j=1}^{3}\mu_j^A y_j^{\upsilon_j^A}\right)\right]-\upsilon_B\left[1-\exp\left(-\sum_{i=1}^{3}\mu_i^B x_{i4}^{\upsilon_i^B}\right)\right]\right\} \\ \text{约束条件为} \\ \sum_{j=1}^{4}x_{ij}\leqslant m_i, i=1,2,3 \\ y_i = B_i(\boldsymbol{X}), i=1,2,3 \\ x_{ij}\geqslant 0, i=1,2,3; j=1,2,3,4 \\ y_j\geqslant 0, j=1,2,3\end{cases}$$

这是一类非线性规划，可以采用分支定界法求解. 当然，这需要编制计算机程序，使用计算机进行计算.

我们也还可以采用其他方法，例如采用大规模的线性规划或目的规划等等来构造数学模型.

由于直到目前为止，尚未发生过一次核交战，人们得不到实际的核作战数据，所以，许多国家只能在计算机上进行模拟，例如，分别考虑对于各类目标进行核袭击时的效果. 这些目标可能是：指挥首脑的驻地（可能是首脑机关的地下工事）；战略核武器作战基地；常规力量集结地，如军营、空军机场、海军军港；城市，工业设施，大的电站（水电站、核电站……）；交通枢纽，特别是关键性的桥梁等等．模拟的结果是惊人的．表 3.2 给出一些估计：

表 3.2　　核战争模拟估计情况

作战方案	总当量（百万吨）	地面爆炸（占总当量的百分比）	城市与工业设施（占总当量的百分比）	弹头当量（百万吨）	不到 1 微米的尘埃总量（百万吨）
全面核交战	10000	63%	15%	1～10	300
中等规模核交战	3000	50%	25%	3～5	175
有限核交战	1000	50%	25%	2～5	50
对军事目标的全面攻击	3000	70%	0%	1～10	155
对城市的攻击	100	0	100%	1	150

表 3.2 中所描述的核战方案，都是在现今世界上两个超级核大国核打击能力以内可以办到的．

这样假想的核大战会有什么后果？从表 3.2 中可见，一场全面核交战所产生的烟尘量为 3 亿吨．而 1 亿吨烟尘如果像云一样均匀地分布在地球上空，有人估计它会把到达地面上的阳光强度减少 95%．也许这种估计过于严重．但若果真如此，那么，在被攻击的目标区，就会特别黑暗，连中午的亮度也可能只和月明之夜一样．如果这种白夜持续几周或数月，就会造成地球上一场气候上的大灾难：气温迅速下降，北半球的夏天，20 天后可能降到摄氏零下 20 度以下，植物停止生长或被冻死，生物大量灭绝．有人把这种情况称为“核冬天”．城市中的人民，或是被核弹杀死（炸死，受热辐射、光辐射或冲击波之害而死），或是即使侥幸活下来的，也会由于受到大量的放射性微尘的沾染而缓慢地死去．当然，伴随而来的还有寒冷和饥饿．

面对这样的严重后果，那些国家元首和将军们怎么办？一种最容易想到的办法便是“留下足够的核报复力量，准备进行第二次核打击，以此来警告对手”．有人对美、苏两国的核力量进行了分析、模拟、估计，得出如图 3.6（示意的）结果．

图 3.6 中的估计表明，任何一方在遭到第一次核袭击以后都还拥有进行第二次核打击的力量．这样，两个核大国只要进行全面的核交战，便都会彻底灭亡．这就是为什么他们直到目前为止对于核战仍持

十分慎重态度的原因.

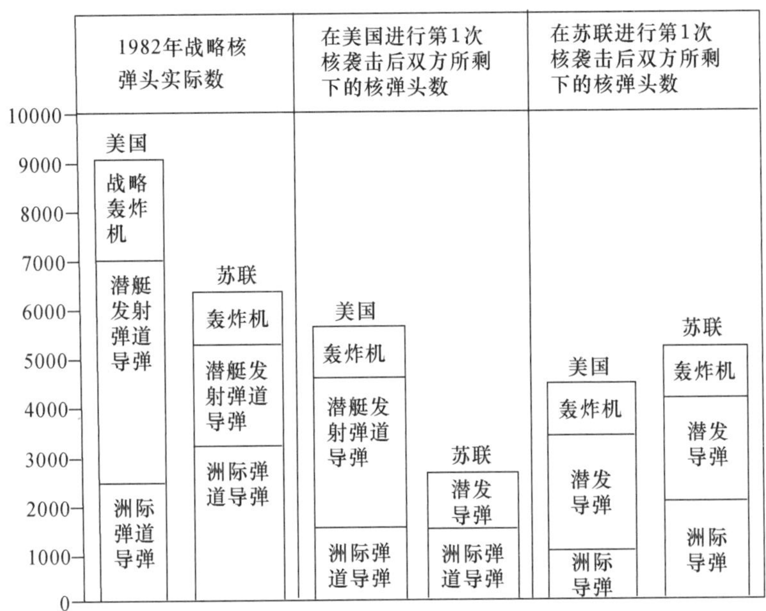

图 3.6　美、苏两国核力量模拟分析

3.4　与导弹有关的数学

在第二次世界大战后期(1942 年),德国研制成了 V-2 火箭.后来,一些国家以 V-2 为基础,逐步进行改进,到目前为止,已经出现了射程不同、性能不同、用途不同的各种导弹.导弹既可以携带普通弹头,也可以携带核弹头.它早已成为现代战争中最重要的武器之一.

导弹是一种高技术的产品,因此,围绕它,显然有许许多多数学问题.但限于篇幅,我们不能详细地介绍它们,因为每一个数学问题都可能和一门专门的学科相联系.

让我们粗略地说一下.一个导弹是一个结构非常复杂的武器.特别是那种战略型的洲际导弹,涉及的高技术问题更多、更复杂.导弹在助推阶段和再入阶段都是在普通的大气层中飞行的,能否使它在飞行时受到的阻力最小?这里就存在许多流体力学的问题.导弹弹体在飞行中要承受各种压力,如何使导弹的壳体强度很大,以便承受那些压力?这当然和材料的性能有关,但也和弹壳的形状有关.我们需要采用数学方法来解算壳体的强度,这时,数学中的有限元方法便会经常被用到.

导弹在飞行过程中,需要不断受到地面的控制和引导,这样,在弹体中就要安装各类仪器、元件.然而,弹体内容积有限(注意,为了增强导弹的突防能力和增大推力,当然体积越小越好),特别在小型化的趋势下,如何在有限的容积之内容纳足够多的元器件?这通常有两种方法,一种是努力研制各种小型或微型的元器件;另一种方法是研究一个数学问题:如何在容积一定的空间中,安放更多的(形状各异的)物体?这是一个“背包问题”.

导弹飞行时是靠燃料燃烧产生的巨大推力飞行的.因此,我们需要高效率的发动机,而这种效率常常和发动机尾部喷口的形状有关,这类问题关系到拟线性偏微分方程.

我们希望导弹能击中数千里外的某个目标,因此,在导弹飞行过程中,我们希望它按预定的轨道飞行.为此,对它要进行一系列(包括导弹飞行时的姿态)的跟踪、观测、控制,这就要处理大量的信号数据,其中还会夹杂着“噪声”.处理信号,需要“滤波”方法,它是一类数学方法;控制导弹的飞行,自然,控制理论是大有用武之地的.

现在的导弹多向智能化发展.如何使导弹能够识明它将要袭击的目标并直接命中呢?有一种地图匹配的末制导技术,它是把导弹要袭击的目标所在地区的照片存入导弹之中,导弹在寻找目标的过程中,利用弹上的测视元件,不断观测地面,将所得信息与存在弹中的目标的信息相比较,找到目标后便射向目标.假如采用这种方法,我们便需要采用数学方法来加以处理.例如采用多重的傅里叶(Fourier)变换,以及相应的数值方法——而这往往导致“快速变换”的应用.

我们经常读到大型的导弹试验过程中,由于元器件出现故障而失败的新闻.一个价格十分低廉的元器件出现故障便可能导致耗资巨大的导弹坠毁.因此需要有一个“可靠性”的理论,而它恰恰又是数学中的一个新的分支.

还有一个关于武器性能的问题.由于洲际弹道导弹的目标在数千公里之外,因此,弹着点与目标之间的距离可能是较大的,它通常是用公里(比如距离为五公里)来计算的.这样,怎么能保证击毁目标呢?解决的办法无非是两种,一种方法是增大弹头的威力,即增大弹头的杀伤半径;另一种方法是提高导弹的精度.到底哪一种办法好?过去若干年来,苏联在设法增大弹头的威力,美国却在致力于改进导弹的精度.这些都进一步加剧了军备竞争.

当然,还有导弹的使用问题,我们已经在前面描述过一些.

大家看,围绕着导弹的数学问题还真不少啊!

3.5 星球大战

我们在假想出现一场核大战的讨论中,发现美、苏两国无论如何保留核报复力量,一旦进行核交战,总是会灭亡的.所以,最好的办法便是不要让敌方的导弹或其他核武器达到自己这一方的领域(领空、领土或领海).这样就出现了美国所提出的“高边疆”战略,或者是前总统里根提出的“战略防御主动行为”的策略,即通常所谓的“星球大战”计划.这种计划的示意图如图 3.7 所示.

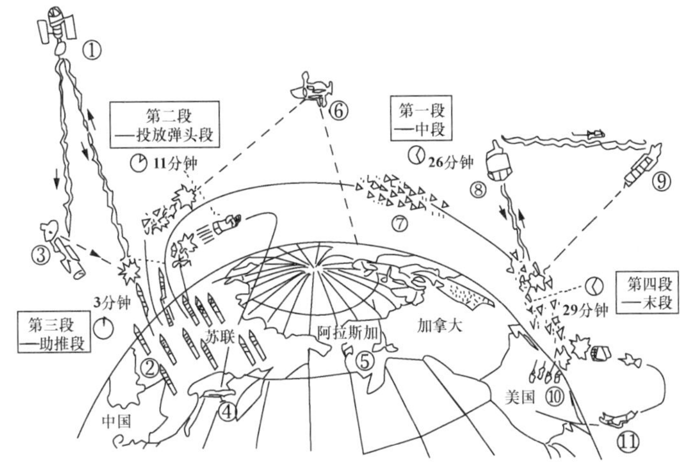

图 3.7 “星球大战”拦截作战示意图

①侦察卫星;②苏联陆基导弹;③空载激光发射器;④潜艇控制的激光发射器;⑤陆基激光发射器;⑥激光发射镜;⑦苏联的导弹(包括假目标);⑧中途探测器;⑨电磁炮;⑩直接打击截击器或拦截导弹;⑪动态杀伤飞行器

让我们来做一些说明.这种设想是:天空布满了各种侦察卫星及探测器——助推探测器、助推后探测器、中途探测器、空载探测器等等.另外,还设有能探测远距离目标的早期预警雷达.所以,一旦苏联发射洲际导弹,便能立即侦知.此时,便会利用指挥通信系统,对散布在空间中的激光发射器进行控制指挥.首先命令空载激光发射器对处在助推阶段的苏联导弹进行攻击,使之坠毁.但是,助推阶段很短,一般只有 6～7 分钟，这时一定还有相当数量的导弹突破美国的防御继续飞行. 这样，就来到中途阶段. 此时美方以助推后探测器及中途探测器继续搜索、跟踪，并把所观测到的信号送回美军指挥部，美军可利用陆基激光发射器发射激光，在空间采用激光反射镜，向目标(即苏方导弹)反射激光，以便击毁苏方导弹，或者采用电磁炮来杀伤对方. 这样又击毁了苏方的相当大一部分导弹. 不过，请注意，这里可能有苏方的一部分假目标或诱饵来引诱美方射击，而使真的弹头得以突防. 中途阶段大约在苏方发射后 27 分钟终止. 此时有一小部分苏方导弹进入了再入段，美方可以采用导弹或其他直接打击的截击器对于再入段的苏方导弹予以打击，务使苏方导弹在进入美国领空之前全部被摧毁. 这就是"星战"计划的设想，它是一个多层次战略防御的反导系统.

这种系统目前当然还未成为现实. 因为其中列出的武器，如定向能(激光)发射器、粒子束武器、电磁炮等还在研制过程中；另外，就是 C^3I 系统——由各类探测器和计算机以及通信设备与软件构成的一个控制(Control)、指挥(Command)、通信(Communication)与情报(Information)的庞大系统，所有这些，都要耗费巨额资金.

"星战"计划中涉及的高技术更多，不言而喻，所需的数学工作者也更多. 在这里，我们不想讲别的问题，只谈谈与"星战"有关的软件系统.

从上面的描述中，我们看到"星战"的心脏是一个弹道导弹防御的作战控制系统. 我们不妨画一个它的组成示意图如图 3.8 所示.

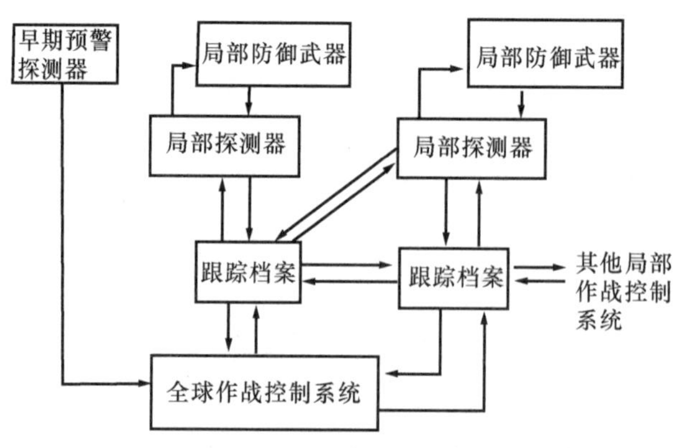

图 3.8

在这个示意图中，局部作战控制系统与全球作战控制系统，都是由计算机等设备构成.当探测器发现潜在的(敌方)目标后,这个作战控制系统将会命令探测器定位和跟踪目标;进而分辨它是真目标或者是假目标,或者是金属箔条,同时作出判断.若是真目标,就确定攻击的时间,当实施攻击后,要判断目标是否已被成功地摧毁,然后,把与卷入进攻的目标的所有有关信息存储到"跟踪档案"中,并转入下一个局部作战控制系统和全球作战控制系统.全球系统将与所有局部系统始终保持联系,并为每一个局部系统确定攻击预定目标的确切条件,转发跟踪档案的信息,并且协调整个系统的行动.所有这些,都需要软件系统来完成.

对软件还有一个重要的要求是"实时",即一旦观测到目标便能"实时"地进行拦截攻击.这里要求计算机的软件在计算时十分"迅速",否则,就会让目标"跑掉".

由于以上这些对软件的苛刻要求,软件工作量之大是令人吃惊的.我们从《软件工程经济学》杂志中看到如下的估计:编制弹道导弹防御系统软件,一般要经过四个阶段,即计划阶段、设计阶段、执行阶段、试验与调整阶段.当然,这四个阶段并不是严格有序的,实际上会存在某种重复.提交软件之前,要进行调整与试验,而软件一旦投入使用,就会需要进一步的试验与调整.有人估计,即使乐观的估计,可能要达到大约一千万行程序代码.而完成这些工作,即使高度乐观的估计,也需要13400人年(即13400人工作一年),而不太乐观的估计,要用81700人年.想想看,这是多么大的工作量啊!不言而喻,这类软件的研制工作,又往往会吸引众多的数学家参加.

3.6 结　论

从我们在上面的追述中可以看到,不论是设计、研制武器还是使用武器,都能涉及众多的数学问题,使用众多的数学工具.特别在现代和未来,武器装备的发展,尤其依赖于高技术,涉及的数学问题会更多.可以说,没有数学理论和数学工具作为基础和提供保证,就不会有现代的各种性能良好威力巨大的武器出现.

四　军事运筹学的崛起

4.1　孙子兵法及其他

在我国古代，有以《孙子》为代表的《武经七书》(又名《武学七书》或《七书》)，包括：《孙子》《司马法》《尉缭子》《六韬》《吴子》《黄石公三略》(或称《三略》)和《李卫公问对》七部兵书. 由于它们是由古代许多战士用鲜血换来的，是凝聚着古代军事学家的智慧的结晶，所以，从我国宋代起便被统治者视为兵法必读之书. 这些书享誉古今中外，至今，美国五角大楼的将军们认为，《孙子》是案头必备之书，日本的军事家和大公司的经理们也认为可以从中吸取丰富的营养.

现在，除了一些专家们还在研究这些兵学的经典之外，大多数人都不会去读它们了. 不过，广大的读者可以从一些历史小说中欣赏到古代军事家们的英姿和他们的惊人战绩. 孙武的后人孙膑，先在齐将田忌与齐王赛马比赛中为田忌划策，引起齐王的注意，并受到齐王重用，尔后，又用围魏救赵的计策解了赵国的危难，并用减灶之法迷惑魏军统帅庞涓，终于在马陵道射杀了庞涓，使魏国元气大伤.《三国演义》中描写了曹操、诸葛亮、周瑜、陆逊等人，其中诸葛亮更被描绘为智慧的化身. 他初出茅庐便能预知天下三分，后来的赤壁之战与七擒孟获等则表明他聪敏过人和处事有方. 这些故事中，饱含着丰富的兵法知识，以至于中国历史上许多农民起义队伍中的将领都把《三国演义》当作他们的“兵法”书籍来读.

事实上也是如此. 以《孙子》而言，书中论述的军事原则至今仍然是正确的. 例如：在谈到作战前的准备时，《孙子》中说：“昔之善战者，先为不可胜，以待敌之可胜. 不可胜在己，可胜在敌. 故善战者，能为不可胜，不能使敌之必可胜. 故曰：胜可知，而不可为.”这段话的意思是，自古以来，善于指挥打仗的人，首先创造自己不可被战胜的条件，来等待战胜敌人的机会；不被战胜，是靠自己的主观努力，战胜对手，在于敌人有错误或弱点，故善战者能做到自己不败；但不一定能使敌人必败. 因此，应抓住胜利的机会，但不能凭主观来强求. 又如，在谈到形成作战态势时，《孙子》说：“故善动敌者，形之，敌必从之. 予之，敌必取之. 以利动之，以卒待之.”即要善于调动敌人，显示某种假象，给敌人以某些小利，使之被诱上当，为自己的主力歼灭敌人准备条件. 在谈到兵力部署时，《孙子》说：“夫兵形象水，水之形避高而趋下，兵之形避实而击虚. 水因地而制流，兵因敌而制胜. 故兵无常势，水无常形，能因敌变化而取胜者，谓之神.”这里指出了要根据情况灵活地运用兵力以争取胜利. 在谈到制订策略时，《孙子》说：“是故智者之虑，必杂于利害. 杂于利，而务可信也，杂于害而患可解也.”这是说精明的统帅考虑问题必须权衡、兼顾利与害两个方面. 明白有利的方面，可以坚定信心；了解有害的方面，可以预作准备，消除祸患. 所以得到如下结论：“故用兵之法，无恃其不来，恃吾有以待也. 无恃其不攻，恃吾有所不可攻也.”这是多么精湛的思想啊！自己做了充分准备，强大到不可战胜，就不怕别人来进犯了. 无怪乎，美国前总统尼克松写的《不可战胜》这本书，讲到怎样才能使国家安全的问题时，其原始的思想却来源于《孙子》.

古代的军事家、统帅是在行营之中来进行谋划对敌策略的，人们常用“运筹于帷幄之中”来形容他们.“运筹”本来指运用算筹来计算兵力，后来就变成了进行选择最优策略的代名词了. 不论任何时代的军事统帅和他们的军师们，总是在敌我对峙的复杂环境中，为了自己这一方能够取得预期的效果，针对各种变幻不定的态势，来选择自己的最佳作战策略的.

过去人们在设计策略时，常常是根据经验，或依指挥员自己的军事指挥艺术，进行定性分析的. 自然要问：有无可能使用数学的方法呢？这就引起了“军事运筹学”的兴起.

4.2 军事运筹学的兴起

运筹学是20世纪新兴的数学分支.它的应用遍及工业、商业、交通运输、政府部门,当然,也被广泛应用于军事.其中有一些被划为运筹学分支的一些问题,如尔朗格(A. K. Erlang)用概率论研究电话服务的论文(属运筹学中的排队论)出现于1909年;冯·诺依曼关于二人零和对策的基本理论的一系列研究出现在1928年(它属于运筹学中的对策论);苏联康托洛维奇的《生产组织与管理中的数学方法》一书出版于1939年(它属于运筹学中的规划论).这些问题的背景都是经济问题.然而被广大学者注意并加以研究,同时被冠以运筹学(Operational Research)的称号,确是在第二次世界大战期间.

在第二次世界大战期间,英国由于国土狭小,距离德国又很近,极易遭受德机的轰炸袭击.虽然采用了雷达这样先进的定向探测技术,然而究竟怎样使用雷达才能发挥它的最好的效益呢?1938年,在英国皇家空军指挥部的领导下,出现了一个称为Operational Research的小组,这是由物理学家勃拉凯特领导的跨学科的小组.小组成员中有物理、数学、心理、测量等专家,还有军官.小组的成立是为雷达技术用于防空进行咨询,对于当时空防的一些战术或战略提出建议.事实上,Operational Research的英文含义恰巧就是(军事)行动的研究或作战研究.我们国家把这个名词译为"运筹研究"或"运筹学"是十分贴切的.在我国,运筹学的开创者是钱学森、许国志等老一辈科学家.

英国的作战研究小组通过一系列的研究,大大改善了雷达系统的作战性能,并且在战略后果的预测研究中,通过统计与计算提出简明的图表和数据,帮助军方首脑在1940年5月内阁会议上说服首相作出了正确的决策,从而取得了不列颠空战的胜利.因此,也"为运筹学争得了荣誉".英国的运筹小组的成功,引起了其他许多国家的重视,美国、加拿大等国也相继组成一些同名的小组,进行战术评价、战术改进、研究作战计划、进行战略选择等.其中卓有成效的是如何搜索敌人的潜艇.原来,在第二次世界大战期间,当时的同盟国经常用商船由美国运输(军用)物资,而这些商船在大西洋行驶时,常常受到德国潜艇的袭击.如何有效地搜索这些潜艇并进行有效地攻击,这自然是一个应该解决的问题.在进行了研究之后,一整套方法被提了出来,并由此形成了运筹学中的一个分支——搜索论(Search Theory).在第二次世界大战期间,还有一些其他方面的研究,都有效地解决了当时战争中所提出的一些新问题,从而引起人们对这门学科的普遍重视.当第二次世界大战结束时,从事(军事)运筹学工作的科学工作者已将近千人.而军事运筹学这门学科,也就由此兴盛发达起来.当第二次世界大战结束后,许多运筹学工作者把运筹学研究应用于和平时期的工商业建设,取得了巨大的进展.至今,许多人已经有点忘记在运筹学发展过程中军事问题所起的作用了.

经过数十年的发展,运筹学已是一个枝叶繁茂的数学分支了,目前包括:规划论——它包含线性规划、非线性规划、整数规划、动态规划等;排队论;对策论;存储论;图与网络;组合分析;搜索论;价值论;决策论;投入产出等.由于运筹学在经济领域中也十分有用,有不少人已由此得到经济学的诺贝尔奖金,其中有康托洛维奇(Kantorovic)、列昂节夫(Leontief)、德布勒(Debreu)等.

让我们仍然回到《孙子兵法》这本书上来.这本书共有三卷十三篇,按顺序是:始计、作战、谋攻、军形、兵势、虚实、军争、九变、行军、地形、九地、火攻、用间.概括来讲,《孙子兵法》讨论作战过程中所遇到的问题和原则,以及采取何种策略进行作战.这些问题中的相当一部分,可以用运筹学的方法予以讨论.下面,我们想挑选一些来做介绍,它们是:搜索问题;行军问题;态势分析问题;突破点选择问题;现代武器中的格斗问题;战役的模拟研究,等等.

4.3 搜索问题

《孙子兵法》中说:"知彼知己,百战不殆;不知彼而知己,一胜一负;不知彼,不知己,每战必殆."由此可见,了解敌人(当然也要了解自己),才是取胜之道,而了解敌人,就要进行侦察.

我们讲的搜索论,来源于侦察搜索潜艇,或者说在陆地上是搜索暗藏的(埋伏的)敌人.这在一定程度上是一个侦察问题.虽然太空中有各种侦察卫星在巡行,它能侦知对方的军事调动、核武器(如地下井位)的分布或其他情况,但对敌人的一些小股活动却未必能完全了解.所以,用小股部队去搜索(侦知)对方(小)部队的方位及其活动仍是必要的. 当然,数学理论所提供的搜索方案也许并不完善,但至少提供了一类可供参考的方法.

1. "目力"搜索

由于搜索一词含义可能被引申很广,为讨论明确计,这里指的搜索是"寻找目标的计划与实施过程". 当然,我们应该假设所使用的探测设备的特性均为已知. 在介绍中,着重讲数学方法,而不涉及探测设备的性能.

所有的搜索都是利用"目力"(或利用仪器如雷达、声呐或其他探测仪器,它们在某种意义上都是人类"目力"的延续)来观测某一个区域(或用图像显示,例如采用荧光屏),以便找出存在于其中的预定的目标(物体,标志、图形). 这种活动有什么特点? 人们在凝视目标时,目标的清晰程度与视线偏离目标到眼睛的连线(方向)的角度成反比. 这个偏离角越大,清晰度就越低. 这是人们经验证实了的. 假若称这个角为偏向角,并记作 β,而把在偏向角为 β 时发现目标的概率记作 $\mu(\beta)$,那么,每次用"目力"来扫描以发现目标的有效程度(有效立体角)为

$$\Gamma = \iint \mu(\beta) \mathrm{d}\Omega$$

这里 $\mathrm{d}\Omega$ 是立体角元素. 实际上,Γ 与目标的性质、照明条件以及观测的工具有关. 当然,目标也可能采取伪装.

若搜索者以他的"眼睛"用立体角 Ω_s 来搜索目标,我们称 $g=\Gamma/\Omega_s$ 为先验的扫视概率,它表示单次随机指向的凝视中辨识目标的可能性. 由于人寻找东西常常是东张西望,所以可以假设我们采用随机指向的方式向目标进行多次"凝视"以搜索方向,那么目标在 n 次凝视中才被发现的概率显然是 $(1-g)^{n-1}g$,在 n 次凝视后仍未被发现的概率是 $(1-g)^n$,在第 n 次凝视前已被发现的概率是 $P_n=1-(1-g)^n$. 通常,g 是一个很小的数,也许,人们要经过上百次的随机凝视才能发现目标,所以采用渐近展开的方法,P_n 可用以下的近似公式计算:

$$P_n = 1 - \exp(-ng) \tag{4.1}$$

通常设 v 为搜索中的凝视频率,此时 $n=vt$,设 $E=\omega t$,$\omega=v\Gamma$ 叫作搜索速率(单位时间内的立体角),E 是搜索力——指时间 t 内扫掠的有效立体角,$\Phi=E/\Omega_s$ 称为 t 时覆盖率,则

$$P(\Phi) = 1 - \exp(-\Phi) \tag{4.2}$$

由这个关系可见,搜索力 E 的加倍,并不能保证发现目标的概率也成倍增加.这种规律叫作增益递减率.另外,由上式可见,如果搜索行动组织良好,则 $P(\Phi)$ 为 Φ 的单调增函数.

不过,在搜索过程中,常常会以为自己可能已发现了目标,但为了确证是否如此,常常对那个"目标"方向加以仔细凝视、核对.然而,很可能这"目标"并非你要寻找的真目标而不得不放弃它.发现那种似真的"目标",这叫作"虚警".显然,我们会为"虚警"而花费一些时间,因此虚警会减慢搜索速率,并推迟了最终的真正发现.但为不使问题复杂起见,我们假设式(4.2)仍成立,只不过改变了 ω 的大小.

在许多应用问题的讨论中,常常用搜索所要覆盖的面积 A 代替 Ω_s,于是 $E/A=\Phi$,我们可以考虑此时相应的发现概率 $P(\Phi)$.

上面讲的是随机凝视,它有可能降低搜索的效率.能否给出一种比较理想的搜索规则?这就是搜索理论中所要讨论的主要问题.

怎样搜索呢?我们可能有许多方法:均匀的移动视线在域内作圆形搜索;采用螺旋形搜索;折线型的搜索,等等.

假设所要搜索的区域的面积为 A,再设目标位于区域中任意一点的概率都是相等的(在我们事先对目标位于何处茫然无知时,应如此假设),那么,在区域中若已搜索过的面积为 a,则发现目标的概率显然为

$$P(a) = \begin{cases} a/A, & a \leqslant A \\ 1, & a > A \end{cases} \tag{4.3}$$

这里 $a>A$ 表示在区域中有些地方是重复搜索过的.

2. 飞机搜索

上面这类搜索主要描绘了雷达、声呐之类的活动.还有一类是用飞机等运动来进行搜索的.例如,用飞机来搜索水面船只或潜艇,飞机有直航向、高度 h 与时速 v,至于船只,由于它的速度相对于飞机来说是甚小的,故可视为静止.这时的搜索速率,应该和飞机时速有关.

海上船只航行时,从空中看最引人注意的是,它呈现在水面的白色尾流,所以,用飞机采用光学方法(目视)来搜索船只时,除考虑海面波浪、大气透明度等因素外,其被发现的概率与其尾流在飞机看来的

所伸张的立体角成正比,此立体角与飞机距船只的距离的平方成反比,但与$\cos\theta=h/(r^2+h^2)^{1/2}$成正比,其中$\theta,h,r$的含义均如图4.1所示.因此,当搜索飞机与船只的水平距离为r时,每次凝视中发现船只的概率为

$$g(r)=\frac{Ch}{(r^2+h^2)^{3/2}} \tag{4.4}$$

其中C与船体、尾流面积、海况以及大气透明度等有关.

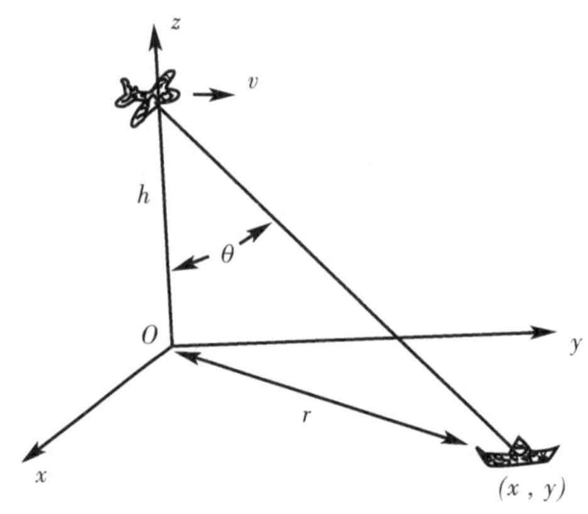

图 4.1

再设飞机沿Oy轴方向以速度v向前航行(船只可视为静止),那么,在$\mathrm{d}t$时间内移动$\mathrm{d}y=v\mathrm{d}t$.若凝视频率为ν,则在此时间内共作了$\nu\mathrm{d}t$次凝视.由前面的讨论,在飞机与船只的水平距离为r时,在$\mathrm{d}t$内未能发现船只的概率为

$$q(t)=\exp[-\nu Ch\,\mathrm{d}t/(h^2+r^2)^{3/2}] \tag{4.5}$$

当飞机沿搜索航向前进时,只要船只位于搜索者搜索的立体角以内,不发现船只的累积概率是所有局部概率的乘积,即

$$q=\cdots q(t-\mathrm{d}t)q(t)q(t+\mathrm{d}t)q(t+2\mathrm{d}t)\cdots$$

因此,飞机搜索发现船只的概率$p=1-q$应为

$$\begin{cases}p=1-\exp[-F(x)]\\ F(x)=\int_T \nu g(r)\mathrm{d}t\end{cases} \tag{4.6}$$

这里T是目标位于搜索者所覆盖的立体角以内的整个时间区间的长.

能否方便地寻找到目标,与目标位于飞机航向垂直方向上的距离

x 也有关系.用类似的讨论,可知当此横向距离为 x 时(飞机高度为 h,航速为 v)船只被发现的概率为

$$p(x) \approx 1 - \exp(-kh/vx^2), h \ll x \tag{4.7}$$

这里 k 是一个与 C 相仿的常数,它依赖于目标的对比度和几何尺寸、大气能见度、搜索者的警觉性以及其他外界因素.当然,搜索的效率还和不同的探测设备有关.不同的探测设备可能用于不同的场合,例如,雷达用于搜索空中(或地面)的目标,声呐用于搜索水下的目标,此外,还有红外探测技术.总之,一切高技术都可设法用于探测目标.

另外一个重要的参数是搜索宽度.它是指搜索者在航向上扫掠的有效路径宽度,记作 W.它常被定义为发现概率对于横距 x 的如下积分:

$$W = \int_{-\infty}^{+\infty} p(x)\mathrm{d}x = \int_{-\infty}^{+\infty} \{1 - \exp[-F(x)]\}\mathrm{d}x \tag{4.8}$$

而由式(4.7),在低空情况下,

$$W = \int_{-\infty}^{+\infty} [1 - \exp(-kh/vx^2)]\mathrm{d}x = 2\sqrt{\pi kh/v}, h < W/10$$

在高空时,$W \approx 2\sqrt{\pi kh/v}\exp(-hv/4k)$.

上述情况表明,搜索宽度 W 随着高度而增大,但到 $h \approx 2k/v$ 时止.高度超过此值时,能见度差,发现概率下降.

3. 搜索方式

现在让我们讲一下怎样在一个区域具体进行搜索.这里假设目标是以相等概率位于域中的某点处.当然,可以假设它是"静止"的.搜索的办法是尽可能地把搜索力均匀地分配到整个区域内.这时有许多搜索方式.

(1)平行搜索　可以采用单个搜索者依螺旋线或 Z 字形搜索,或多个搜索者以相距 S 的距离平行搜索,如图 4.2 所示(这很有些像抗日战争时,日寇采用梳篦的方式来搜索抗日游击队一样).

(2)随机分布搜索　由于严格的平行等距航线搜索实际上难以做到,所以常常采取一种随机的分布搜索,搜索路线很有点像是花粉在溶液中的布朗运动那样.这时假设搜索的总路线长为 L,目标在域中任何点处是等概率的.目标距搜索航线横距为 x,如图 4.3 所示,此时在 ΔL 段发现目标的概率为

$$P = W\Delta L/A$$

因此,在搜索中发现目标概率应为

$$P(\Phi) = 1 - [1 - (W\Delta L/A)]^{L/\Delta L}$$

令 $\Delta L \to 0$,得 $P(\Phi) = 1 - e^{\Phi}$,其中 $\Phi = WL/A$.

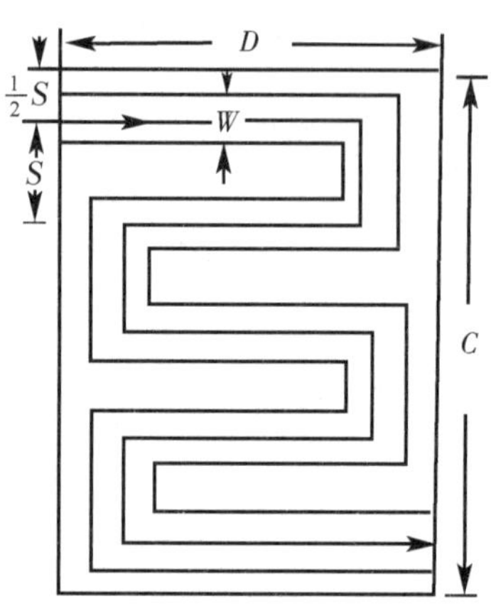

图 4.2

(搜索宽度为 W,间距为 S 的平行搜索,均匀覆盖区域面积 $A=C\times D$)

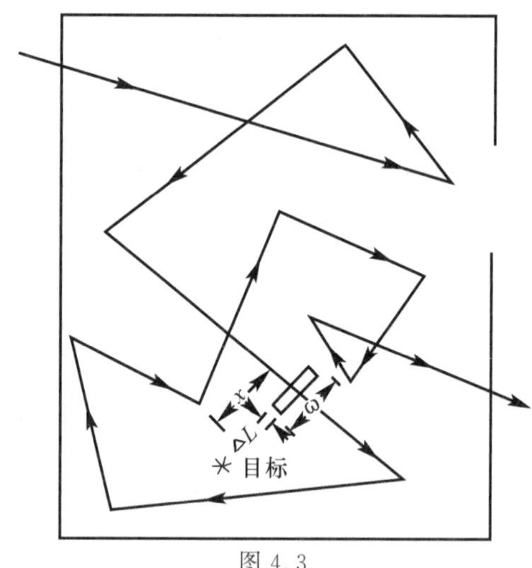

图 4.3

(随机分布搜索,总路线长为 L,搜索区域的面积为 A)

其他,还有如盲目搜索,即只知大体的距离,但却不知方向(如在海上、沙漠中、森林中,四周的景观"没有差别",能见度不好)时如何能迅速找到目标等问题,恕不详述了.

4. 搜索力量的分配

以上是假设搜索者只知目标位于某区域,所以采取平行搜索等方式.但假如对目标的位置已大体有所了解,例如采用某些探测手段,大致判定其方向,只是不知其确切位置,这样,就会提出如何分配搜索力量使之能尽快搜索到目标的问题.

此时目标在区域中各点处的先验概率不是均匀的,也即不是等概率的.设 $g(r)$ 是目标位置以向量 r 表示时的先验概率密度,则它应满足

$$\iint_A g(r)\mathrm{d}A = 1$$

引入搜索覆盖密度 $\Phi(r)=\frac{\mathrm{d}\Phi}{\mathrm{d}A}$,它在域 A 中每一点处并不相同.此时,消耗了如下的给定的总搜索力:

$$\Phi_A = \iint_A \phi(r)\mathrm{d}A = WL$$

这时,发现目标概率 $p(\Phi)$ 应为

$$p(\Phi) = \iint_A g(r)P[\phi(r)]\mathrm{d}A$$

其中 $P[\phi(r)]$ 表示目标位于 $\mathrm{d}A$ 中的条件下被发现的概率.于是,我们提出一个问题:在给定总搜索力 $\Phi_A=WL$ 的条件下,求出使发现概率 $p(\Phi)$ 达到最大的搜索覆盖密度 $\phi(r)$.这是一个数学问题.

假如在搜索目标时,发现伴随有假目标(在作战时,敌方往往用假目标作为诱饵,以便吸引火力,达到机动或突防的目的),这种情况就比较复杂.有些假目标可能并不是敌人设置的,例如用声呐探测潜艇或水下物时,可能遇到沉船、大鱼或其他杂波.在电子战中,也许是各类电磁噪声.当然,不排除敌方的干扰措施.这时也许会提出另一个问题:在每次能搜索到"目标"时,如何能使寻找目标所需的搜索力为最少?这是另一个不同性质的问题.

5.对"活动目标"的搜索

在以上的讨论中,我们总是假设目标为静止的.当然也可把目标运动速度与搜索者运动速度相比十分缓慢的那种看作是静止的.然而,当目标运动的速度不可忽视时,我们应考虑对"活动目标"的搜索问题.例如,近距离的雷达对于超音速飞机的搜索应属于这一类.此时,目标有可能从被搜索区域 A 中逃逸出去.

目标的运动可以有不同的情形.一种是认为目标的运动是随机

的,它完全有可能“逸出”搜索区.“逸出”就意味着搜索不到它.此时,搜索者可能采取扩大搜索区的办法来搜索目标.这时情况比较复杂,例如,目标可以进入已搜索过的区域,等等.一般仍是采取随机搜索.目标的另一种运动可能是定向的,例如,在第二次世界大战期间,德国舰艇欲穿过英吉利海峡,而英国皇家空军就采取往返式的封锁巡逻;类似的,如苏联军船只想穿过“对马海峡”,而日本空军进行巡逻,等等.对于这些情况,我们都可以设法计算其发现概率.

在搜索过程中,常常出现“滞后搜索”的情形.例如,当某指挥中心接到某地发现空投特务的报告后,派小分队前往搜索,待小分队到达该地区并开始搜索时,往往已经滞后若干时刻 T_0,而目标却已经离开他们原来所在的位置了.对于这样的问题,仍可用类似于前面的方法讨论发现概率.例如,计算当搜索者由目标原来所在位置处开始沿螺旋线展开在圆域中搜索时的发现目标的概率.

6. 盒箱搜索

还有一类被称为盒箱搜索.在电影《永不消逝的电波》中,地下工作者李侠拍发电报时用的电源就是城市的照明电.日寇为了搜寻李侠的电台,采用分区停电的方法,只要切断某区电源时,电台讯号同时中断,便可断定电台位于该区.抽象地说,我们可以把区域采用某些方法分割成若干个子区域,然后分别进行搜索,不过,目标可能是成群的物体,它们中的一些可能在这个子区域.而另一些却在那个子区域.因此,目标处在各个子区域中的概率未必相同.我们可以把这些子区域看作是盒子或箱子,然后在每个盒(箱)中寻找目标.

为讨论确定起见,设有 N 个盒(箱)子,目标位于第 j 个盒(箱)中的概率为 r_j,其中 $0\leqslant r_j\leqslant 1$, $\sum r_j\leqslant 1$.我们不妨依目标位于盒(箱)中的概率的大小来给盒(箱)编号,因而显然有 $r_j\geqslant r_{j+1}$.此时,若目标位于第 j 个中,它被发现的概率 $P(\phi)$ 为用在该盒箱中搜索力 ϕ_j 的函数,这里,假设 $P(\phi)$ 满足 $P(\phi)=1-\mathrm{e}^{\phi}$.这样,我们提出如下问题:如何在 N 个盒(箱)中分配搜索力量 ϕ_j(这里 $\sum \phi_j=E$ 为给定),才能使发现目标概率的总和 $\sum r_j=P(\phi)$ 为最大?或求解:在约束 $\sum \phi_j=E$ 之下,使

$$P(E) = \sum_{j=1}^{N} r_j [1 - \exp(-\phi_j)] \text{ 最大?}$$

与上述问题相连的问题是:在盒(箱)搜索中,遇到假目标或者搜索出现错误,甚至为此作出错误的决策,又应该怎样分析?

7. 对抗搜索

最后,再讲一个问题:对抗搜索——主动规避目标. 这是属于"搜索—规避"一类的对抗问题. 例如,猎潜舰在某海域搜索潜艇,潜艇也可以规避. 当然,也可用飞机、直升机代替猎潜舰. 类似的例子是:在长为 L 的国境线上,如何防止敌方的潜入(例如,在中越边境冲突中,我方如何防止越方的潜入偷袭)? 此时应采取巡逻. 但双方都应不断改变自己一方的行动,以避免敌方掌握自己一方的行动规律. 否则,便会导致自己一方的失败. 例如,潜入方掌握了防守方的巡逻规律,便可趁防守方在某地段巡逻过后潜入;若防守方熟知潜入方的规律,便可有效地堵截伏击.

不妨以潜入为例. 在长为 L 的国境线上,潜入方在某点 x 处潜入的概率(确切地说,是潜入次数频率密度)设为 $\psi(x)$,$0 \leqslant x \leqslant L$,理论上讲,潜入方可以从任何一点处潜入,即使防守方认为是可能性十分小的地方也是有可能潜入的.《三国演义》中,魏将邓艾偷渡阴平的故事,生动地说明当魏国因无法攻占剑阁入蜀之际,却因蜀将姜维对阴平疏于防范而导致邓艾的成功. 因此,对于国境线上每一点,都应加以考察. 显然,这时应有

$$\int_L \psi(x) \mathrm{d}x = 1$$

从防守方来讲,所派巡逻分队巡经 x 的概率密度设为 $\phi(x)$,$0 \leqslant x \leqslant L$,这种巡逻也应是随机的,并且同样有

$$\int_L \phi(x) \mathrm{d}x = 1$$

如果防守方在 x 处巡逻,而潜入方也恰巧在 x 处偷越,在此条件下,潜入方可能成功,也可能失败. 这经常和 x 处的地理环境以及防守方的措施有关. 例如,偷越地段为大森林或沟壑,岩洞甚多,便于隐藏、偷越;或为开阔地,潜入困难,等等. 假设此时潜入失败的概率为 $p(x)$,那么,在长期的边防斗争中,潜入失败的期望率为

$$J = \int_L \phi(x)\psi(x)p(x)\mathrm{d}x$$

对于潜入方来讲，他们希望选择策略或选择 ψ 使 J 最小（即使偷越成功率最大），而对防守方来讲，是选择策略或选择 ϕ 使 J 最大. 这样，实际上我们得到了一个无限策略的对策问题.

作为防守方，由于在某些地点 x 处的 $\phi(x)p(x)$ 之值可能比其他各处要小，也即它是防守的薄弱环节（地段），如果潜入方一旦了解这种情况，他们会由此潜入，故对防守方来讲，其稳妥的策略是，使巡逻率 ϕ 与潜入失败的条件概率 p 成反比——即在 p 小的地段加强巡逻，而在 p 大的地段减弱巡逻. 换言之，防守方应选取策略使

$$\phi(x) = \frac{C(L)}{p(x)}$$

这里 $C(L)$ 为一个常数，其值为

$$\int_C (L) = 1\Big/\int_L (1/p(x))\mathrm{d}x$$

从而

$$J(L) = \int_C (L)\psi(x)\mathrm{d}x = C(L)$$

即使潜入失败率成为一个常数，潜入方也可选择自己的潜入策略. 具体地说，他们可以设立一个标准，在失败率 $p(x)$ 低于某个值 h 的地段 L_h 上集中力量潜入，而放弃在失败率高于 h 的地段潜入. 也就是说，潜入方可选取 ψ 如下：

$$\psi(x) = \begin{cases} C(L_h)p(x) \ , x \in L_h \\ 0,\text{在其他地段} \end{cases}$$

$$C(L_h) = 1\Big/\int_{L_h} p(x)\mathrm{d}x$$

顺着这样的思路推论下去，防守方可以改变策略，撤除在 $L-L_h$ 地段上的巡逻，而集中在 L_h 地段巡逻. 然而，潜入方如果了解到此情况，则又会改为在 $L-L_h$ 地段潜入了. 这样下去，仍然会导致防守方的维持潜入失败率为 $C(L)$ 的全面巡逻.

这类潜入问题的进一步讨论，会引起一类多阶段对策. 如果潜入方偷越成功，给予评分为 1，失败并被捕获，评分为 −1；假如潜入方未进行偷越，而防守方巡逻时潜入者未受损失，评分为 0. 如果双方均未

行动,潜入方在下一次机会中仍可再次偷越.如果在一段时间之内(例如一昼夜),敌人可以有 N 次机会进行偷越活动,用 Γ_N 表示有 N 次机会的对策,Γ_{N-1} 为具有 $N-1$ 次机会的对策,其余类推,那么,在敌人第一次偷越之时,其得失情况可以用下述的矩阵来表示:

$$\begin{array}{lll} & & \text{防守方} \\ & & \begin{array}{cc}\text{巡逻} & \text{不巡逻}\end{array} \\ \Gamma_N:\ \text{潜入方} & \begin{array}{c}\text{潜入}\\ \text{不潜入}\end{array} & \begin{pmatrix}-1 & 1\\ 0 & \Gamma_{N-1}\end{pmatrix}\end{array}$$

其中 Γ_{N-1} 的得失矩阵的构造与上面的矩阵相似.我们可以进一步求解这样的对策问题,找出它们各自的优策略.

搜索的问题还很多,例如,敌目标可能采取伪装,使你真假难辨;又如,近来发展一种"隐身术"——在飞机或其他目标的外壳上涂敷一种能吸收电磁波的材料,使得雷达因无法得到足够的反射的回波而不能探测到飞行物,等等.这些都会为搜索理论带来新的课题.当然,也会提出更多的数学问题,需要众多的数学方法.

4.4 部队的开进与军用物资的运送

过去描写古代战争的演义小说中,常有一句话,叫作"兵马未动,粮草先行".虽然如此,在古代的兵书中,专门系统谈及部队由甲地开进到乙地的问题却较少.原因何在呢?这是因为,在古代,武器往往随身携带,作战范围比较狭小,运输能力也有限,所以《司马法》中说:"古者,逐奔不过百步,纵绥不过三舍."这里一舍是三十里.一旦作战,所需粮草辎重,往往取之于敌.故孙子曰:"善用兵者,役不再籍,粮不三载,取用于国,因粮于敌,故军食可足也."因此,战争的掠夺性很强.所以,部队的开进与军用物资的运送问题,在古代并未作为突出的重要问题来加以讨论.尽管如此,为了保持军队一定的作战队形,以保持战斗力,如《司马法》中说"凡陈(指布阵),行惟疏,战惟密,兵惟杂,人教厚,静乃治."《尉缭子》说:"故凡集兵,千里者旬,百里者一日,必集敌境."这里对大军的机动提出了要求.又说:"所谓踵军(指前卫部队)者,去大军百里,期于会地,为三日熟食,前军而行,为战合之表."这里对前卫部队的行动要求、行动信号均作了规定.由此可见,对于作战中的行军,从作战的角度提出了要求.

随着战争历史的发展,军队对于粮草、辎重的要求,愈来愈高,需要量愈来愈多，以至于只要有效地断绝敌方的后勤供应，便足以致敌人于死地. 当年拿破仑率大军东征俄国，终于兵败于莫斯科城下，就是因为俄国采取了坚壁清野的战略. 到了现代，如果没有强大的后勤保障作为作战的支撑，恐怕任何军队都难以作战.

因此，我们遇到一个问题：如何及时地把人员、物资运送到作战地点？这里所谓的“及时”，就是指能在指定时刻把所需人员、物资运送到. 早到，也许会暴露作战企图；迟到，可能贻误战机. 这是一个比较复杂的问题.

首先，运送的人员、物资是多种多样的，而且是不能混装的. 例如，武器弹药、燃料、食品等，显然无法混装在一起. 所以，这里存在一个多种货物(假如把人也看作被运送的“货物”的话)的运送问题. 另外，许多军用物资从各个不同的军用仓库中运输到各个不同的战场. 因此，这是一个多“发”点和多“收”点的运输问题. 既然是运送，由许多发点(即军用仓库或部队原驻地)到许多收点(即所要开赴的战场或新驻地)就有许多不同的道路可供选择. 通常，所选择的路线可能是以路程最短为最好. 这样一来，就存在一个“最短路线”的选择问题. 然而，最短的路并非就是最快捷的路. 有一些路从地图上看可能最短，但它可能位于崎岖的高山峻岭地区，道路狭隘，不便于通过大部队，尤其不便通过重型的武器. 走这样的路，反而可能由于道路拥挤而减慢人员、物资运送的速度. 所以，可能会提出“时间最短”的运送路线. 既然是在作战，所有的道路都可能受到敌方的干扰和袭击，如采取轰炸、伏击或破路、炸毁桥梁、隧道等. 尤其是你认为是关键的运送路线，往往是敌人破坏的重要目标. 所以，又有一个“安全度”的问题. 因此，我们遇到了多指标的运输问题. 所谓多指标是指：安全度、时间(及时性)、道路容量、运送成本等. 这的确是一个比较复杂的问题. 作为参谋，就应为指挥员提供几个可供选择的运输方案.

我们不妨把上面所谈到的问题画一个如图 4.4 所示的示意图. 在图中，标出了各个城市 A、B、C、D、…、α、β、…、θ 其间有道路(铁路、公路、水路……)相连，两城市之间的连线可能不止一条. 假设有一批物资要由 A、B、C、D、E 等城市运往 α、β、γ、δ、ε 等地，道路的长度、运量、最短到达时间等均有记录可查，问如何选择路线？

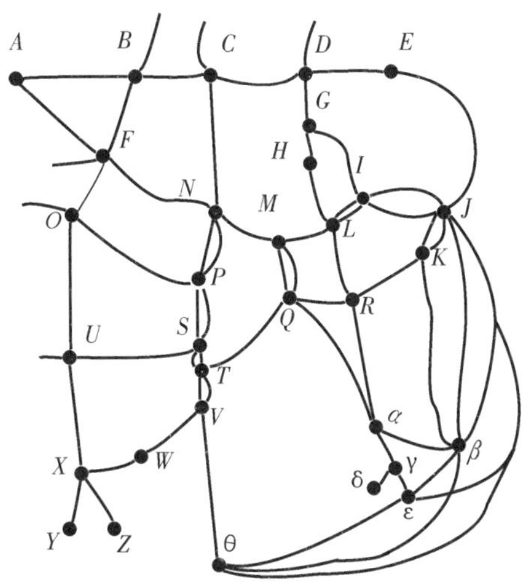

图 4.4

为了说明数学处理的方法，让我们再简化成如图 4.5 所示（一个“发点”v_1 和一个“收点”v_9），由 v_1 运送至 v_9，途中可能经过的点为 v_j，$j=2,3,4,5,6,7,8$. 这些道路是单向的，箭头表明前进的方面. 路旁的数字表明路的长度（若干个单位）. 这里讨论一个简单的最短路线问题，即 v_1 到 v_9 的最短路. 这类简单的图可以用枚举法，但是复杂的图就会遇到困难，此时，我们可把它看作有向图，记作 $D=(v,A)$，这里 v 代表顶点集，$v=\{v_i,i=1,\cdots,9\}$，$A=\{a_{ij},i,j=1,\cdots,9\}$代表弧集，其

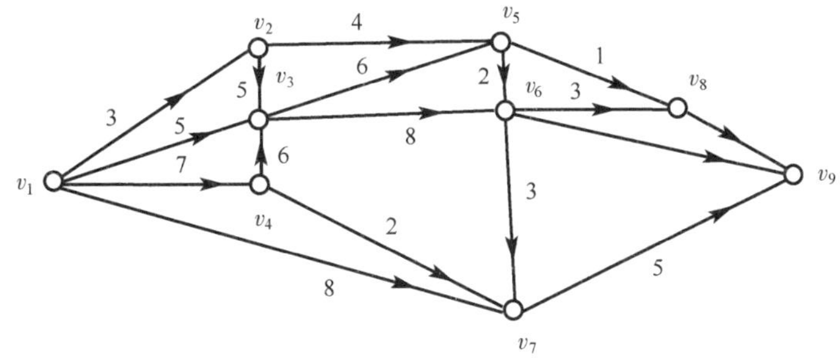

图 4.5

中 $a_{ij}=(v_i,v_j)$表示由顶点 v_i 到 v_j 的有向弧，对每条弧 a_{ij} 都赋予一个数（或向量，视我们需要而定）w_{ij}，这个数不妨称为弧的“权”，它在这个最短路问题中的含义是路的长度. 这时我们得到一个赋权有向图，也称为网络，记作 $B=(V,A,W)$. 我们的最短路问题就转化为在

网络 $N=(V,A,W)$ 中求出一条由 v_1 到 v_9 的最短路 P^*，也即求 P^* 使

$$W(P^*)=\min\sum_{e\in P}W(e)$$

这里 P^* 为由 v_1 到 v_9 的所有可能的道路的集，e 是其中的道路之一. 此时称 $W(P^*)$ 为由 v_1 到 v_9"距离"，记作 $d(v_1,v_9)$.

寻找最短路的算法很多，目前公认的较好的方法是 1957 年首先由狄恰斯垂(Dijkstra)提出的. 这个算法中要求每条弧的权 $w_{ij}>0$.

现在考虑一般的情况. 对给定的顶点集 $v=\{v_1,v_2,\cdots,v_n\}$，若网络中没有弧段 (v_i,v_j) 或弧段反向，则假设 $w_{ij}=\infty$. 现在求从网络中的顶点 v_1 到其他各顶点的最短路. 狄恰斯垂提出了如下算法，其步骤如下：

步骤 1：令 $d(v_1)=0,d(v_j)=w_{ij},j=2,\cdots,n,S=\{1\},R=\{2,3,\cdots,n\}$.

步骤 2：在 R 中寻找顶点 k，使

$$d(v_k)=\min_{j\in R}\{d(v_j)\}$$

令 $S=S\cup\{k\},R=R\backslash\{k\}$，若 $R=\phi^*$，算法停止，否则转步骤 3.

步骤 3：修正 $d(v_j)$. 即令

$$d(v_j)=\min\{d(v_j),d(v_k)+w_{kj}\},j\in R$$

再返回步骤 2.

这个算法经过 $n-1$ 次循环后结束. 算法终止时，$d(v_j)(j=2,\cdots,n)$ 的终值就给出了由顶点 v_1 到其他顶点 v_j 的最短路的长度. 在算法进行时，可标出相应的最短路. 为此，可在计算过程中对顶点进行标号，其方法是：把由前面所得的自 v_1 到达 v_i 的最短路的最后弧段 (v_k,v_i) 的末端顶点 v_j 重新标号为 v_k，记作 $l(v_i)=v_k$. 具体地说，在第一步，先给每个 v_i 一个标号，其中令 v_1 的标号 $l(v_1)=0$，对 $j\geqslant 2$ 的诸顶点，令 $l(v_j)=v_1$，在以后的计算过程中，如果

$$d(v_j)=\min\{d(v_j),d(v_k)+w_{kj}\}$$

中仍然是 $d(v_j)=d(v_j)$，则标号 $l(v_j)$ 不变，否则令 $l(v_j)=v_k$，这表示由 v_1 到 v_j 的最短路的最后一条弧是 (v_k,v_j)，于是，我们从反向追踪，就可求出相应的最短路(读者由下面的计算中，便可看出标号的作用).

让我们就以图4.5中所给网络为例来解释这个算法.对该图,依狄恰斯垂算法:

步骤1:$d(v_1)=0, d(v_2)=w_{12}=3, d(v_3)=w_{13}=5, d(v_4)=w_{14}=7, d(v_5)=\infty, d(v_6)=\infty, d(v_7)=w_{17}=8, d(v_8)=\infty, d(v_9)=\infty$,且令 $l(v_1)=0, l(v_j)=v_1(j\geqslant 2), S=\{1\}, R=\{2,3,4,5,6,7,8,9\}$.

步骤2:$d(v_k)=\min\limits_{j\in R}\{d(v_j)\}=d(v_2)=3$,于是

$$S=S\cup\{2\}=\{1,2\}, R=R\backslash\{2\}=\{3,\cdots,9\}$$

步骤3:计算

$$\begin{aligned} d(v_j) &=\min\{d(v_j), d(v_k)+w_{kj}\} \\ &=\min\{d(v_j), d(v_2)+w_{2j}\} \end{aligned}$$

从而得

$$d(v_3)=\min\{5,3+5\}=5, l(v_3)=v_1$$

$$d(v_4)=7, l(v_4)=v_1$$

$$d(v_5)=7, l(v_5)=v_2$$

$$d(v_6)=\infty, l(v_6)=v_1$$

$$d(v_7)=8, l(v_7)=v_1$$

$$d(v_8)=d(v_9)=\infty, l(v_8)=l(v_9)=v_1$$

再转入步骤2.在步骤2中,从 $R=\{3,\cdots,9\}$ 中求 k 使

$$d(v_k)=\min_{j\in R}\{d(v_j)\}=d(v_3)=5$$

则 $S=S\cup\{3\}=\{1,2,3\}, R=R\backslash\{3\}=\{4,\cdots,9\}$.

转入步骤3,修改 $d(v_j)$:

$$d(v_4)=\min\{d(v_4), d(v_3)+w_{34}\}=\min\{7,5+\infty\}=7$$

$$l(v_4)=v_1$$

$$d(v_5)=\min\{d(v_5), d(v_3)+w_{35}\}=7, l(v_5)=v_2$$

$$d(v_6)=13, l(v_6)=v_3$$

$$d(v_7)=8, l(v_7)=v_1$$

$$d(v_8)=d(v_9)=\infty, l(v_8)=v_1, l(v_9)=v_1$$

再转入步骤2,求出 k:

$$d(v_k)=\min_{j\in R}\{d(v_j)\}=d(v_4)=7$$

得 $S=S\cup\{4\}=\{1,2,3,4\}, R=R\backslash\{4\}=\{5,\cdots,9\}$.

转入步骤3,修改 $d(v_j)$,又得

$$d(v_5)=7, l(v_5)=v_2$$

$$d(v_6)=13, l(v_6)=v_3$$

$$d(v_7)=8, l(v_7)=v_1$$

$$d(v_8)=d(v_9)=\infty, l(v_8)=l(v_9)=v_1$$

$$\vdots$$

如此继续下去，再经过四次循环，可得最后结果为

$$d(v_1)=0, d(v_2)=3, d(v_3)=5, d(v_4)=7$$

$$d(v_5)=7, d(v_6)=9, d(v_7)=8, d(v_8)=8$$

$$d(v_9)=13$$

$$l(v_1)=0, l(v_2)=v_1, l(v_3)=v_1, l(v_4)=v_1$$

$$l(v_5)=v_2, l(v_6)=v_5, l(v_7)=v_1, l(v_8)=v_5$$

$$l(v_9)=v_7$$

这样，我们由标号 $l(v_9)=v_7$ 知，到达 v_9 的最短路弧段的最后一段为弧(v_7, v_9)，而由 $l(v_7)=v_1$ 知到达 v_7 的最短路最后弧段为(v_1, v_7). 因此，由 v_1 到 v_9 的最短路为 $v_1 \to v_7 \to v_9$，其余的最短路是：

v_1 到 v_2 的为(v_1, v_2)

v_1 到 v_3 的为(v_1, v_3)

v_1 到 v_4 的为(v_1, v_4)

v_1 到 v_5 的为 $v_1 \to v_2 \to v_5$

v_1 到 v_6 的为 $v_1 \to v_2 \to v_5 \to v_6$

v_1 到 v_7 的为(v_1, v_7)

v_1 到 v_8 的为 $v_1 \to v_2 \to v_5 \to v_8$

狄恰斯垂算法中，对于权要求 $w_{ij}>0$. 当 $w_{ij}<0$ 时，算法无效，需要改进. 有一种称为逐次逼近的算法可以满足这样的要求. 这种算法的思路是：先求出由 v_1 到诸 v_j 的只有一个弧段组成的路中的最短路，其长度记为 $d^{(1)}(v_j)$，这叫作第一次逼近；然后求出由点 v_1 到 v_j 的不超过两条弧段组成的路中找出一条最短路，其长度记为$d^{(2)}(v_j)$，如此等等，直到求出可能多的弧段组成的路中的最短路，这时，一条路最多只能由 $n-1$ 条弧段组成，在这 $n-1$ 次的逼近中，就能找到所需的最短路，具体算法如下：

步骤 1：由 $m=1$ 开始，令

$$d^{(m)}(v_1)=0, d^{(m)}(v_j)=w_{1j}, j=2,\cdots,n$$

步骤 2:计算

$$d^{(m+1)}(v_j)=\min_{1\leqslant k\leqslant n}\{d^{(m)}(v_k)+w_{kj}\}, j=2,\cdots,n$$

其中 $w_{ij}=0$.

步骤 3:若 $m+1=n-1$,则停止.若 $m+1<n-1$,置 $m=n+1$,返回步骤 2.

在算法进行时,同时给顶点以标号,在算法结束时,同时可以得到相应的最短路.

现在再讨论另一个问题:需要把一批军需物资(弹药、油料等)由某些地区尽可能多地运送到前线的一些地区,但是从这些军用仓库(发点)运到前沿(收点)之间的道路(即网络中的弧段)由于宽、窄、大、小等情况,在单位时间内通过的货物量是一定的,如何在规定的期限内尽可能多地把物资运送到前沿?这样的运输问题叫作“网络最大流”的问题,它也可以看作是一个网络流问题.

现在考虑网络 $N=(V,A,C)$,V 是顶点的集,A 是弧段的集,C 是每条弧段的容量的集.这里,设弧(v_i,v_j)的容量为 c_{ij}.为简单计,我们设网络中只有一个发点 v_s 和一个收点 v_t.如图 4.6 所示的网络便是一个例子.

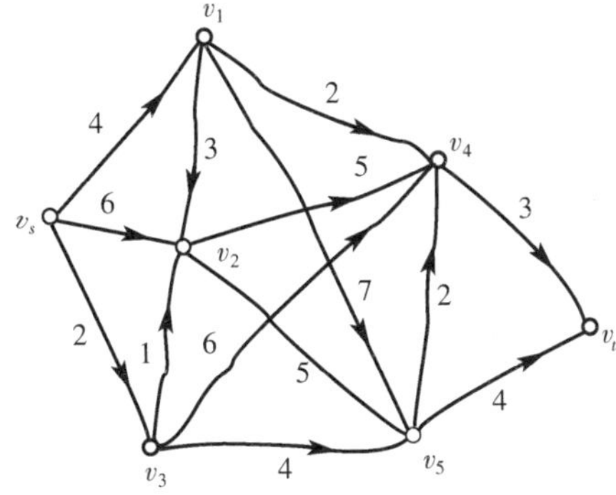

图 4.6

网络 N 中的流是指定义在弧集合 A 上的实值函数:$\xi(a_{ij})=x_{ij}$,$i,j=s,t,1,2,\cdots,n$.这里 x_{ij} 称为通过弧段 $a_{ij}=(v_i,v_j)$的流量.由于前述容量的限制,因此 ξ 应满足:

$$\sum(x_{ij}-x_{ji})=\begin{cases}+U, i=s\\0, \quad i\neq s,t\\-U, i=t\end{cases} \tag{1}$$

$$0\leqslant x_{ij}\leqslant c_{ij},\text{对所有弧段}(v_i,v_j)\in A \tag{2}$$

条件(1)称为守恒方程,其含义是要求流进任何中间点的物资量等于它的流出量,这里 U 是自发点可能流出的物资总量,也称为流值.条件(2)称为容量限制,表示沿一条弧的流量不能超过这条弧的容量.满足(1)、(2)两条件的流 ξ 又称为网络的"可行流".我们的问题是要由网络的可行流中找出使流值最大的可行流来.这就是最大流问题.

解最大流问题有许多算法,其中有一种算法叫作标号法.其思路是先给定一个网络的初始可行流(即满足(1)、(2)的流),一般说来,这可在各条弧段上取"零流",然后再逐渐增大流量,这是以不破坏条件(1)、(2)为前提的,当不可能再增加流量时就停止.这时的可行流便是最大流.可以根据这一思想设计算法,这里就不赘述了.

在这个基础上,还可讨论多种货物(不可混装、必须分装的物资)的最大流问题.

与最大流相应的问题,还有最小费用流问题,即在运送物资时,沿何种道路所花的费用最省?这也是一个网络流问题.此时,对于网络 $N=(V,A,C)$,给每条弧 $(v_i,v_j)\in A$,再加上一个对应的指标 P_{ij}(它表示单位流量通过该弧的代价),从而最小费用流问题就变成求出由发点 v_s 到收点 v_t 的可行流,并要求流量为 U 时,使得流的总费用为最小.或者,我们给出如下的数学描述:

$$\begin{cases}\min\sum\limits_{i,j}P_{ij}x_{ij}\\ \text{满足:}\\ \quad\sum\limits_{j}(x_{sj}-x_{js})=U\\ \quad\sum\limits_{j}(x_{tj}-x_{jt})=-U\\ \quad\sum\limits_{j}(x_{ij}-x_{ji})=0, i\neq s,t\\ 0\leqslant x_{ij}\leqslant c_{ij},\text{对每条}(v_i,v_j)\in A\end{cases}$$

这是一个线性规划问题.我们可以采用线性规划的算法来求解.

假如考虑到道路受破坏的程度，在讨论问题时，还可以再加上“可靠度”这个指标. 这样，我们便可以在网络 N 的每一条弧上，再附以可靠度——可能仍保持完好的程度 λ_{ij}. 如果我们要求迅速运达，还要求时间最短，这时，再加上指标 t_{ij}——它表示通过该弧段(v_i, v_j)的时间，这样，我们在每个弧段(v_i, v_j)上附以四个指标：$(x_{ij}, P_{ij}, \lambda_{ij}, t_{ij})$，因而是一个多指标网络运输问题.

如何处理这样的问题？我们可以设法把多指标单一化，这可以采取以下的方法：

(1)按以上几个指标的重要程序，排成“字典序”，例如为了把弹药运到前沿，但许多道路经常会遭受到敌方的飞机的攻击或潜入特工的破坏. 此时，也许把可靠性放在第一位，其次是时间短，再次是容量大最后再计及成本，然而，在平时，也许以费用最低为首先考虑的因素，其次是时间……

若重要顺序是：可靠度，时间，容量，费用，那么，我们可先求出可靠度最大的(若干条)路来. 由于战场的情况多变，还可以再适当选几条可靠度比较相近的路线来. 这些挑出来的路，构成新的网络. 在新网络中，再选出时间最短的路来，必要时，再多选几条备用的路. 这样，已经保证了所需可靠度及时间的要求. 然后，在形成的新网络中找出容量最大的路. 最后，再找出满足前述前提下的最小费用的路线. 为此，可以设计出算法.

(2)我们也可以根据各种指标的重要程度或优先顺序，赋以不同的“权系数”$\alpha_{ij}, \beta_{ij}, \gamma_{ij}, \sigma_{ij}$而构成新指标：

$$\sigma_{ij} = \alpha_{ij}\lambda_{ij} + \beta_{ij}x_{ij} + \gamma_{ij}t_{ij} + \sigma_{ij}p_{ij}$$

而形成新网络(V, A, Σ)，这里 Σ 是新指标 σ_{ij} 的集，然后再解这个新问题.

以上只是着重讨论了军用物资等的运送问题. 实际上，对于在战斗环境中军队的开进并未能深入讨论. 因为，这里除了进行最优路线的选择之外，还要计算沿途可能遇到骚扰、袭击，并为此派出警戒部队等问题. 此外，可能还有因为策略上的需要而带有引诱敌人的佯动等. 所以它还应该和作战结合在一起加以讨论.

4.5 对策论与战斗策略的制订

我们经常读到优秀的军事专家由于制订了出敌意料的作战方案而打胜仗的故事，人们敬佩他们高超的指挥艺术，也希望找出规律，使之科学化. 人们常常说，数学是科学的“语言”，那么，能否用数学来描述战斗策略的制订呢？

在 20 世纪初诞生并逐渐发展起来的一门数学分支叫作对策论 (Game Theory). 它的缘起是数学家们对于国际象棋这一类的游戏给予的关注：弈棋的双方都会采取什么策略？终局时会产生什么结果？和局的可能性有多大？这些是每一个棋手关心的问题，同样也使数学家产生了浓厚兴趣. 由此建立的数学理论和方法就叫作对策论. 由于它的缘起是讨论棋类或扑克一类的游戏，所以我国又曾译作“博弈论”或“竞赛论”.

对策论是怎样的一门数学分支呢？它是研究自然界或人类社会中带有矛盾因素的问题的数学方法. 在一个对策问题的模型中，有参与者或称为局中人，有各局中人为在复杂的、利益互相矛盾或冲突中为达到自己的目的而采取的“策略”，还有因各方“策略”的作用下产生的可能结局中各局中人得到的效益（报酬、支付、赢得……视我们讨论的问题的性质而定）. 按局中人的数目来划分，有“二人对策”与“多人对策”之分；按所描述的问题状态及方法来分，有“静态”与“动态”之别. 在二人对策中，发展得最完善的是“二人零和对策”. 在这个模型中，两个局中人的利益之和（或支付或所得之和）为零，所以叫作二人零和对策. 零和即意味着局中人甲之所得必为另一局中人乙之所失. 由此可见，双方利益截然相反，因而也是对抗性的. 所以，二人零和对策最适宜于描述对抗性的冲突，如战斗之类的问题. 在二人零和对策中，又可以根据局中人双方可能采取的策略的数目的多少来加以划分. 双方只有有限个策略的称为二人零和有限对策. 由于它们可以采用矩阵这个数学工具，因此也被人称为二人零和矩阵对策或矩阵对策. 若局中人双方都有无限多个策略可供采用，此时称为二人零和的无限对策，采用的数学工具显然应该是积分.

局中人双方的利益有时未必完全是对抗的，也即不是零和的. 他们可以采取互不合作的态度. 描述这类问题的理论叫作“非零和的二人对策”.由于双方可能有一些共同的利益,如果双方采取合作或妥协的态度,也许大家可以多取得一些利益.但在妥协过程中,双方又都会想向对方多要求点让步.这样就会产生谈判问题,这些都是“二人零和对策”的内容.对于非零和的二人对策,由于描述双方的利益所得需要采用两个矩阵,所以这类对策也叫作“双矩阵对策”.

局中人的数目可能不止两个而是多个.正如第一次与第二次世界大战那样,参战国数目众多.各国的态度在不同时期由于本国的利益之故是不相同的.有的一开始便结成联盟,如协约国、轴心国之类;有的采取中立;有的战争开始时只是有一些倾向性,他们可能是某个联盟的潜在盟友,因而成为各联盟争夺的对象;有的是在战争过程中逐渐参战的,而且同一联盟的各国之间的利益还有待合理分配.因而相应的也产生了“多人对策”的理论.如像二人对策那样,当然也有零和、非零和之分.然而,在多人对策中,人们更关心的是结盟行为,以及由于结成联盟以后各联盟成员之间利益的分配.

在以上讨论中,许多模型都是“静态”的,有点像拍“照片”一样,只是留下了各局中人采取各自策略时形成的“局势”以及相应的后果.然而,在战争中或其他自然的、社会的现象中,各局中人面对的是变动的环境,他们会随时改变自己的策略.如何描述这类“动态”的情形呢?这就引导人们研究了展开型对策、随机对策、重复对策、多阶段对策、微分对策等“动态”的对策.它们或者是采取一系列相继的“照片”排列起来而形成,如随机对策、重复对策、多阶段对策等,或者有如“连续”的电影画面一样,如微分对策.虽然这里是形象的比喻,未必完全符合所谈到的对策情形,但却可给读者一个明晰的印象.

请读者不要误会,以为对策只与军事有关.事实上并非如此.在对策论的早期发展中,对策论是与经济问题紧密相联的.冯·诺依曼和奥·摩根斯特恩的早期研究,主要是围绕着经济学进行的.他们把资本主义社会中的自由竞争看成是经济活动的主要行为,因而写了《竞赛论与经济行为》(*Game Theory and Economic Behavior*)一书.这本书成为对策论的奠基性的经典著作.事实上,许多西方的大公司的决策者常常把商业活动看成是斗争激烈的经济活动,以至于这些经理们的嘴里也常常讲着(经营)“战略”等类似于军事术语的名词.此外,对策论对于分析政治行为或其他社会活动也都是十分有用的工具.

现在让我们看看怎样用对策论来制订策略.我们都熟悉历史小说《三国演义》,其中有一段是诸葛亮采用"空城计"退去司马父子十五万大军的故事.由于诸葛亮错用了马谡,以致街亭失守,诸葛亮与二千五百名军卒所据的西城完全暴露在司马懿的大军之前,危在旦夕.西城中的蜀国兵将尽皆失色,诸葛亮该怎么办?

摆在诸葛亮面前的似乎只有两条路:一是立即撤退.然而,这两千多人只是老弱之卒,似乎很难逃出追兵之手,并且由于仓促撤退,还可能引出其他意想不到的严重后果.再就是拼.然而,只要一比较就知道,魏、蜀两国此时兵力悬殊,何况诸葛亮身旁已经没有任何大将,只要一拼,必然全军覆没.此时,诸葛亮却出人意料地采取了"诈"——"空城计".他大开城门,自己却在城楼上焚香抚琴,以致使生性多疑的魏军统帅司马懿疑心大起.此时,司马懿可以采取的策略是:

(1)立即攻城,其后果当然是蜀军被全歼;

(2)撤退,这当然使蜀军得以保全.

假如我们把双方的策略以及由此产生的效益列出如表 4.1 的得失表,便会一目了然地看出各自该采取什么策略了:

表 4.1　　魏蜀对策效益分析

诸葛亮的策略 ＼ 诸葛亮的得失 ＼ 司马懿的策略	攻城	撤退
撤　退	−0.75	0
拼死守城	−1	0.25
空城计	−1	0.5

表中给出了诸葛亮的得失.这里的评分是相对的,例如,蜀军受到严重打击时评分为−1;双方都撤退时,蜀军未受损伤,评分为0;蜀军采用空城计,魏军又撤退时,使蜀军不但保全、进而争取新的主动,还使魏军统帅大失面子而评分为0.5,等等.这类评分应依实际产生的影响而定.从数学方面来讲,专门为此发展了一种"效用理论",用于衡量某些社会行动产生效益的程度.当然,我们这里假设对策是对抗性的,或是零和的,因而诸葛亮的得分也即司马懿的失分.从这个得失表

看，司马懿无论如何都应采取攻城这个策略，因为不论对方采取何种策略，总会得到惨败.然而，司马懿却偏偏采取撤退的策略.这不但使蜀军官兵无不骇然，事后也使司马懿仰天长叹："吾不如孔明也！"为什么诸葛亮能取胜呢？因为诸葛亮一生谨慎，从不弄险，经常吃大亏的司马懿父子深知这一点，所以一旦诸葛亮采取了出人意料的空城计时，司马懿反而相信自己的十五万大军不是面对空城，而是可能陷入埋伏之中，终于作出撤退的决定.事后，诸葛亮拍手大笑曰："吾若为司马懿，必不便退也."

这是小说家描写的故事，未必真实.然而历史上发生的真实战斗也确实可用对策论的理论进行分析.1942 年 5 月，日美两军在太平洋中的新几内亚岛附近的珊瑚海进行争夺.当时美军接到情报说，日军将由新不列颠岛东端的拉包尔(Rabaul)港出发运送一些部队和装备往该岛西面的新几内亚东端的来城(Lae).当时日军可采取两种策略：沿新不列颠岛的北海岸的北线和沿岛的南海岸的南线.当时的气象情况是：北线多雾，能见度低；南线天气晴朗.美军拟派飞机轰炸日军的船队.美军也有两种策略：飞南线，飞北线.不同的策略的对抗结果也不相同.日舰不论从南、北两线航行都要用 3 天时间.若以美机能轰炸日舰的天数作为衡量策略优劣的标准，那么，由于北线多雾，依当时的美机性能，美军在北线最多只能轰炸两天，而飞南线，由于能见度好，可以轰炸三天.由此可知：若日舰走北线，美机也飞北线，美机可轰炸两天；若此时美机飞南线，发现无日舰而折转飞北线，就会损失一天，故最多只能轰炸一天.若日舰走南线，美机也飞南线，美机可轰炸三天；若此时美机飞北线，未发现日舰再折向南线，则损失一天，因此可轰炸两天.我们把上面分析的结果列在了表 4.2 中.在这种情况下，日、美军各自该采取什么策略呢？从美军来讲，他们希望轰炸的天数愈多愈好.根据得失表两下权衡，美军决定飞北线，因为不论在何种情况下都能保证轰炸两天.日军经过分析权衡，也决定走北线，因为他们最多受到美机的两天的袭击.实际的情况也确实这样，双方都走北线.日军当然受到重创，虽然如此，美军将领仍然认为日军在指挥上并未犯错误.

表 4.2　　美日双方策略得失分析

日军策略 / 美机轰炸天数 / 美军策略	北线	南线
北　线	2	2
南　线	1	3

我们可以从以上所讨论的这些例子出发，给出一般的数学模型. 设有一个对策问题，有两个局中人(注意，局中人指能独立行使自己的策略者，所以，一个公司或一支军队，尽管有许多人，它们却只能算作一个局中人)，假设局中人甲有 m 个策略($\alpha_1,\alpha_2,\cdots,\alpha_m$)可供选择，局中人乙有 n 个策略($\beta_1,\beta_2,\cdots,\beta_n$)可供选择. 甲选择 α_i、乙选择 β_j 时便会形成一种局势，不妨用(α_i,β_j)表示，这样共有 $m\times n$ 种. 每种局势之下，双方局中人都会有所得(或失). 在零和情况下，甲之所得便是乙之所失. 所以只需把甲的得失罗列出来即可. 甲的得失可列出见表 4.3.

表 4.3　　甲的策略得失分析

乙方策略 / 甲方策略	β_1	β_2	$\cdots$	β_j	$\cdots$	β_n
α_1	a_{11}	a_{12}	$\cdots$	a_{1j}	$\cdots$	a_{1n}
α_2	a_{21}	a_{22}	$\cdots$	a_{2j}	$\cdots$	a_{2n}
$\vdots$	$\vdots$	$\vdots$		$\vdots$		$\vdots$
α_i	a_{i1}	a_{i2}	$\cdots$	a_{ij}	$\cdots$	a_{in}
$\vdots$	$\vdots$	$\vdots$		$\vdots$		$\vdots$
α_m	a_{m1}	a_{m2}	$\cdots$	a_{mj}	$\cdots$	a_{mn}

表中 a_{ij} 表示在局势(也即策略对)(α_i,β_i)情形之下甲的所得. 这个表中的元素恰好排列成一个矩阵，此矩阵称为甲的支付矩阵，用 A 表示，即

$$A=\begin{pmatrix} a_{11} & a_{12} & \cdots & a_{1n} \\ a_{21} & a_{22} & \cdots & a_{2n} \\ \vdots & \vdots & & \vdots \\ a_{m1} & a_{m2} & \cdots & a_{mn} \end{pmatrix}$$

局中人双方便可研究这个支付矩阵(假如双方能知道的话)，并决定自己的取舍. 对策论的基本问题之一，便是在这种情况下，为局中人找出最佳的策略，使之能得到最好的收益(或效果).

在观看两个棋手对弈时，如果一个是九段棋士，另一位尚未入门，这样的对弈毫无可观. 我们大家只会对于聂卫平与小林光一的对弈表示欣赏，这是因为他们棋力悉敌. 因此，我们假设双方局中人都是十分冷静、理智，双方都会认真地分析对方，也会想到对方在揣度自己. 这种思考的方式是：

“我想他想我在想他在想什么.”

换言之，大家都在想做到“知彼知己”. 然而，不论如何分析，都会得出对方选取策略必欲置自己于最不利的地位的结论. 在此前提下，我方要选取策略争取得到最好的结果. 这个想法可以用以下的数学方式表示出来(这里假设收入愈多或 a_{ij} 之值愈大愈好)：

$$\max_{1\leqslant i\leqslant m}\left(\min_{1\leqslant j\leqslant n}(a_{ij})\right)\xlongequal{\text{简记作}}\max_{1\leqslant i\leqslant m}\min_{1\leqslant j\leqslant n}a_{ij}$$

对于乙来讲，他的目的恰恰与甲相反，他必然会想到甲要选取对他自己最有利的策略，在此前提下，乙要选取使甲处境最糟的策略. 于是，乙希望甲的收益决不会超出：

$$\min_{1\leqslant j\leqslant n}\max_{1\leqslant i\leqslant m}a_{ij}$$

这就是甲、乙双方的想法. 这种想法的核心是“做最坏的打算，争取最大的胜利”.

我们以日美双方在珊瑚海之战为例，此时，美方的支付矩阵为

$$\begin{pmatrix}2 & 2\\ 1 & 3\end{pmatrix}\quad \begin{matrix}\min a_{ij}\\ 2\\ 1\end{matrix}\left.\vphantom{\begin{matrix}1\\2\\3\end{matrix}}\right\}\max\min a_{ij}=2=a_{11}$$

$$\underbrace{\max a_{ij}\qquad 2\qquad\qquad 3}$$

$$\min\max a_{ij}=2=a_{11}$$

此时双方都选取走北线的策略，此时

$$\min_{1\leqslant j\leqslant n}\max_{1\leqslant i\leqslant m}a_{ij}=\max_{1\leqslant i\leqslant m}\min_{1\leqslant j\leqslant n}a_{ij}=a_{11}=2$$

然而，是否总有 $\min\limits_{1\leqslant j\leqslant n}\max\limits_{1\leqslant i\leqslant m}a_{ij}=\max\limits_{1\leqslant i\leqslant m}\min\limits_{1\leqslant j\leqslant n}a_{ij}$？不一定，例如，在支付矩阵为

$$A=\begin{pmatrix}0 & 1 & -1\\ -1 & 0 & 1\\ 1 & -1 & 0\end{pmatrix}$$

的对策中,不难求出 $\max_i \min_j a_{ij}=-1$,而 $\min_j \max_i a_{ij}=1$. 显然,它们并不相等. 事实上,一般说来总有

$$\max_i \min_j a_{ij} \leqslant \min_j \max_i a_{ij}$$

在这种情况下,又应该怎样分析呢?

实际上,等式$\min_j \max_i a_{ij}=\max_i \min_j a_{ij}=$(设为)$a_{i0j0}$的情形比较少. 假如等式成立,则称$(\alpha_{i0},\beta_{j0})$为对策的鞍点,而 a_{i0j0} 称为鞍点值. 在不具有鞍点的情形,双方可以随机地选择策略来攻击对方. 问题是此时双方都是要尽量掩盖自己的企图,而今策略的选择又是随机的,那么,我们要问,局中人甲有没有以某种特定概率分布的方式来选取他的诸种策略,而使他在总的(平均)状况之下处于最有利的地位? 换言之,局中人甲是否存在一种概率分布 $x=(x_1,x_2,\cdots,x_i,\cdots,x_m)$来选择他的诸策略 $\alpha_i(i=1,2,\cdots,m)$? 这里 x_i 表明甲以概率 x_i 选取策略α_i,$i=1,\cdots,m$. 显然 $x_i\geqslant 0$, $\sum_{i=1}^{m} x_i=1$. 同样,局中人乙也采取一种概率分布 $y=(y_1,y_2,\cdots,y_j,\cdots,y_n)$来选择他的诸策略$\beta_j$,$j=1,\cdots,n$. 当然,$y_j\geqslant 0$,$\sum_{j=1}^{n} y_j=1$. 这时 x,y 分别称为局中人甲、乙的“混合策略”. 其含义是甲采用概率分布 x 把他原来的 m 个策略“混合”起来. 原来的策略可称为“纯策略”. 今后,为表达方便计,在不会误解时,我们略去“混合”二字. 此时,自然会提出问题:在“混合策略”意义下,局中人双方是否能够选取出各自的最佳策略?

为了说明这个问题,我们看双方的收入是什么. 由于各自所选择的策略实际是在原来各自纯策略集上的概率分布,因此,双方的所得也自然是一种数学期望(或“平均值”). 此时局中人甲的所得为(记作$E(x,y)$)

$$E(x,y)=\sum_{i=1}^{m}\sum_{j=1}^{n} x_i a_{ij} y_j = xAy \xlongequal{\text{有时也记作}} A(x,y)$$

如果局中人甲的所有混合策略构成的集是 X,乙的所有混合策略构成的集是 Y,那么,仿前面的分析,甲希望至少能获得

$$\max_{x\in X} \min_{y\in Y} A(x,y)$$

乙的希望是甲的获得不能超过

$$\min_{y\in Y} \max_{x\in X} A(x,y)$$

这两个量是否可能相等呢？可以证明，对于二人零和的(矩阵)对策来讲，总存在一对策略(x^*,y^*)使得以下等式成立，即

$$\max_{x\in X}\min_{y\in Y}A(x,y)=A(x^*,y^*)=\min_{y\in Y}\max_{x\in X}A(x,y)$$

这就是所谓的“最小最大定理”，它是对策论的基本定理. 这个定理的含义是什么呢？如果注意等式右端，它表明$\max\limits_{x\in X}A(x,y)$为$y$的函数，它在$Y$上的极小值是在$y^*$处取得，因此有

$$A(x^*,y^*)=\max_{x\in X}A(x,y^*)$$

而这个式子又表明，$A(x,y^*)$作为x的函数，其在X上的最大值是在x^*处取得，因此，对于任何策略$x\in X$，都有

$$A(x,y^*)\leqslant A(x^*,y^*)\xlongequal{\text{记作}}v$$

这说明只要局中人乙坚持采用策略y^*，那么甲用任何其他策略x来代替x^*，都会使他的效果变坏. 类似地，分析等式左端可得，对任何策略$y\in Y$，有

$$A(x^*,y)\geqslant A(x^*,y^*)=v$$

这说明，当甲坚持采用策略x^*时，只要乙改变自己的策略y^*，甲立即会得到更高的效益. 正因为如此，双方都不愿改变自己的策略x^*和y^*，因此，称(x^*,y^*)为对策的平衡策略对或平衡对. 凡是使$A(x^*,y)\geqslant v(y\in Y)$的策略$x^*$，都称为局中人甲的优策略；同样，凡是使$A(x,y^*)\leqslant v(x\in X)$的策略$y^*$，都称为乙的优策略. 求解对策问题，就是求局中人双方的优策略. 已经发展了一套有效的求解优策略的算法.

作战中一个重要问题是选择攻击点. 当魏将庞涓带领大军攻打赵国国都邯郸时，赵国向齐国告急，齐国派田忌为将，孙膑为军师率兵救赵. 孙膑为田忌筹划，并未带兵去邯郸解围，而是带领大军向魏国国都大梁猛插进去. 由于庞涓把举国精锐都带到邯郸，留在国中的多是老弱残兵，国都空虚，因此不得不急撤邯郸之围，并与齐军战于桂陵. 结果魏军打了败仗. 这便是历史上有名的“围魏救赵”的故事. 这个故事告诉我们，只要恰当地选择攻击点，往往会取得重大的胜利.

让我们来把上述问题一般化. 假设在红蓝两军之间有n个城镇(或战略要地)需要争夺，蓝军为守方，红军为攻方，双方都有相当多的兵力，问双方应该如何分配他们的兵力才最为有利？

我们不妨把这 n 个城市依序编号为 $1,2,\cdots,n$. 它们在军事上(必要时还要考虑政治的、经济的因素)的重要性,可以分别予以评价并给出重要性指标:$s_1,s_2,\cdots,s_n$. 再设这 n 个城市各需最少扼守的兵力分别为 $d_1,d_2,\cdots,d_n$,我们令 $v_i=s_i/d_i,i=1,2,\cdots,n$. 此 $v_i(i=1,\cdots,n)$ 的大小可能看不出何种顺序,此时把诸 v_i 重新排序,令最大的 v_i 为 v_1,次大的为 v_2,依此类推,最小的为 v_n. 并相应地把城市的编号也重新予以标定. v_k 的含意是该地的重要性与扼守兵力之比. 显然,当 $v_i>v_j$ 时,表明城市 i 与城市 j 相比,相对来说是既重要又易于攻打的. 红军的总兵力设为 R,蓝军的总兵力设为 B. 此时,红军可以用分配比例分别为 $x_1,x_2,\cdots,x_n$ 的兵力去攻打编号为 $1,2,\cdots,n$ 的各个城市. 这里 $x_i\geqslant0,i=1,\cdots,n,\sum_{i=1}^{n}x_i=1$. 同样,蓝军可以用分配比例分别为 $y_1,y_2,\cdots,y_n$ 的兵力来扼守诸城市. 这种情况下,双方应采取何种分配比例?

采用对策论的方法进行讨论,可以得出红军应集中兵力攻打相对来讲既重要又较易攻打的前 r 个城市的编号为 $1,2,\cdots,r$,它们的指标满足 $v_1\geqslant v_2\geqslant\cdots\geqslant v_r$. 这个 r 的范围可以计算出来. 例如

$$r>1+\frac{1-p_{\min}}{1-p_{\max}}\left(v_{r+1}\sum_{i=1}^{r}\frac{1}{v_i}\right)$$

这里 p_i 为每个城市经过争夺后其重要性因受到影响而改变的因子,$p_{\max}=\max_i p_i,p_{\min}=\min_i p_i$,不过,实际上,红军仍可根据所选定的范围中诸城市的地理位置以及附近蓝军可能的援军的机动情形,再减少攻击目标,以期必克.

用这种兵力分配的算法来分析解放战争史上著名的“淮海战役”,可以把整个战役划分为三个阶段.

第一阶段,国民党军集结于徐州、新安镇、八义集、黄口等地及其附近. 利用上述方法进行评估、分析. 此阶段 v_i 的顺序依次为新安镇、八义集、黄口、徐州. 以最多攻打两个地区为好. 实际上,解放军集中兵力攻打了新安镇,结果黄伯韬兵团被全歼.

第二阶段,国民党军集结于徐州、双堆集、蚌埠等地区. 经过评估,v_i 的顺序依次为双堆集、徐州、蚌埠. 因此,解放军集中兵力把国民党军队围困于双堆集地区,从而促使杜聿明兵团放弃徐州,结果黄维兵

团被歼.

第三阶段,杜聿明兵团及其他的残部集结于永城地区,最后全部被歼.

我们的分析与历史情况基本符合.

孙膑在"围魏救赵"的战役中,也正是选择了魏国在军力部署中的薄弱环节进行攻击的.

在"空城计"的故事中,一方面固然描写了诸葛亮的惊人智慧与惊人的镇静,另一方面,司马懿也确实有些"笨",他为什么不再深入地想一想,调查一下,反复比较呢？如果这样,反复思索,便可能识破"空城",诸葛亮也就可能成为魏国的阶下囚了.

多反复几次,这就引出了"冲突分析"对策论方法.《三国演义》中有这样一个故事,赤壁之战后,曹军溃散北逃,曹操带领残军,一路被孙、刘两家大军截杀,死伤无数.曹操是非常自负的,吃了败仗,还笑周瑜无谋、诸葛亮少智,不料逃到乌林、宜都附近时,一笑笑出了赵子龙;逃到彝陵附近,再笑,笑出了张翼德,杀得曹军心惊胆战.经过混战,曹操才带领千余名残军来到了三岔路口.前面有两条路:一条大路,稍微平坦,但却远五十余里;另一条为华容道小路,地窄路险,坎坷难行,却近五十余里.曹操吃了两次伏击的亏,没有贸然作出走哪条路的决定,而是令人上山观望,回报:"小路山边有数处烟起;大路并无动静."曹操经过分析,决定走华容道小路.诸将有疑曰:"烽烟起处,必有军马,何故反走小路?"曹操说:"岂不闻兵书有云:'虚则实之,实则虚之',诸葛亮多谋,故使人于山僻烧烟,使我军不敢从这条山路走,他却伏兵于大路等着,吾料已定,偏不教中他计!"说罢便催促北进,一路艰难,过了险峻,路稍平坦,到一险处,却又大笑,这一笑又笑出了关云长.只是由于关云长念旧,放走了曹军,才使曹操得以逃回南郡,这就是有名的"华容道关云长义释曹操"的故事.这里曹操是经过比较分析的,即在三岔路口时,曹有两个策略:(1)走大路;(2)走小路.诸葛亮有两个策略:(1)在大路设伏;(2)在小路设伏.只要伏击成功,曹军就将全军覆没.此时设曹军所得(实为损失)评分为-1.若走大路,未遇伏击,由于路途平坦,损失可忽视,因而平安脱险,评分为0.5.若走小路,未受伏击,但道路崎岖,行军中人马损失严重,评分-0.5.于是,开始思考时

(第一阶段),曹军的得失可列为

			刘军策略	
			大路设伏	小路设伏
阶段Ⅰ:	曹军策略	走大路	-1	0.5
		走小路	-0.5	-1

由常规看,曹操必走大路,诸葛亮也必于大路设伏.然而,曹操根据前两次受到伏击(赵云、张飞的伏击)的经验,判断诸葛亮在大路设伏,在此情况之下,他选择了走华容道小路,这是第二阶段时曹操的分析.在曹操看来,他认为

阶段Ⅱ: 诸葛亮的选择	策略	大路设伏	小路设伏
	可能性	极大可能	故作疑阵,正好表明此处不可能设伏

于是,曹操认为他面临的问题是刘军于大路设伏,故他走小路来躲避.诸葛亮的分析恰恰相反,认为

阶段Ⅲ: 曹操的选择	策略	走大路	走小路
	可能性	曹性多疑,且知兵法,故必不走大路	极大可能

于是,诸葛亮决定派关羽于华容道小路埋伏.

现在,把这种思考过程一般化.设有两个局中人(一般说,n 个局中人的理论类似)甲、乙,为书写方便计,有时相应的记为局中人 1,2.如果局中人 1 的支付矩阵:

$$A=\begin{pmatrix} a_{11} & a_{12} & \cdots & a_{1n} \\ a_{21} & a_{22} & \cdots & a_{2n} \\ \vdots & \vdots & & \vdots \\ a_{m1} & a_{m2} & \cdots & a_{mn} \end{pmatrix}$$

局中人 2 的支付矩阵为 B(这是一般的情形,若为零和对策,$B=-A$.用两个矩阵来表示的对策称为双矩阵对策):

$$B=\begin{pmatrix} b_{11} & b_{12} & \cdots & b_{1n} \\ b_{21} & b_{22} & \cdots & b_{2n} \\ \vdots & \vdots & & \vdots \\ b_{m1} & b_{m2} & \cdots & b_{mn} \end{pmatrix}$$

仿照以前的讨论,如果有策略对(x^*,y^*)使得

$$A(x,y^*)\leqslant A(x^*,y^*)$$

对局中人1的任何策略$x\in X$成立,则称(x^*,y^*)为对局中人1的一组合理的结果.因为局中人1愿意接受这个结果.把这样的合理结果的集合记作$R_1(\Gamma)$,这里用Γ表示对策.同样,若有策略对(x^{**},y^{**})使得

$$B(x^{**},y)\leqslant B(x^{**},y^{**})$$

对局中人2的任何策略$y\in Y$成立,则称(x^{**},y^{**})为局中人2的合理结果.它们的全体的集合记作$R_2(\Gamma)$.由于$R_1(\Gamma)$为甲认为是合理的,可以接受,而$R_2(\Gamma)$为乙认为是合理的,可以接受,那么$R_1(\Gamma)$与$R_2(\Gamma)$的共同部分$R_1(\Gamma)\cap R_2(\Gamma)$便是两人同时认为合理的结果,可以为两人共同接受,令

$$E(\Gamma)=R_1(\Gamma)\cap R_2(\Gamma)$$

称$E(\Gamma)$为对策Γ的平衡解集.局中人1,2显然都会在$E(\Gamma)$中选择自己的策略.

注意,同样是在局中人的合理结果集中的策略,也会因局中人的喜好、倾向性或当时的客观情况而作出不同的选择.当一个局中人例如乙选定策略之后,甲如果了解乙的选择,就会根据乙的选择而选择策略.若把甲在了解乙的策略选择后来选择策略的对策记作1Γ(或$\Gamma_{甲}$),那么甲在了解乙的选择后在自己合理结果中来选择的合理结果之集记作$R_1(1\Gamma)$(或$R_1(\Gamma_{甲})$),当然,对于对策1Γ,也有局中人2认为合理的结果之集$R_2(1\Gamma)$(或$R_2(\Gamma_{甲})$),类似上面的定义,可以给出

$$E(1\Gamma)=R_1(1\Gamma)\cap R_2(1\Gamma)$$

仿照上面的讨论,当然可以给出2Γ,$R_1(2\Gamma)$,$R_2(2\Gamma)$及$E(2\Gamma)$等含义.

当甲了解(或预测出)乙的策略而进行选择,得出对策1Γ,此时,乙也可在此基础上了解(或预测到)甲的策略,然后以此前提进行自己的选择.这样形成的新对策,记作21Γ(或$\Gamma_{甲乙}$,注意,这里是有顺序的),同样可以考虑$R_1(21\Gamma)$,$R_2(21\Gamma)$及$E(21\Gamma)$.当然,也可以考虑$R_1(12\Gamma)$,$R_2(12\Gamma)$及$E(12\Gamma)$……

当我们这样推论下去时,可以得出$k_\Gamma\cdots k_2k_1\Gamma$,这里$k_1,k_2,\cdots,k_\Gamma$是局中人的一种排列,其中局中人是可以重复的,如121212或21212

或 2222 之类.我们反复比较,一定会发现有一类排列所对应的平衡解集 $E(k_\Gamma \cdots k_2 k_1 \Gamma)$ 中的合理结果是稳定的平衡解.称此平衡集为复(合)对策(有译作元对策)的复平衡解,记作 $\hat{E}(\Gamma)$.

经过讨论,人们发现对于两个局中人,只需讨论 $1\Gamma,2\Gamma,21\Gamma,12\Gamma$ 四种情况即可得出 $\hat{E}(\Gamma)$.这类方法便被称为"冲突分析".

让我们用上述方法来分析一个例子.1962 年,美国政府发现苏联在古巴部署导弹,当时,美国总统肯尼迪扬言准备入侵古巴,用以迫使苏联撤除导弹,一时剑拔弩张.据说有爆发原子战争的可能,然而,最后赫鲁晓夫还是下令由古巴撤除导弹.这便是闻名于世的"古巴导弹危机",现在我们来分析这个事件.

当时,美国有两个方案放弃入侵(所以扬言入侵,只是为了恫吓)和坚持入侵.苏联也有两个方案:撤除导弹或维持现状.双方的任何选择都会造成不同的局势,对各种局势双方所得效果的评分(相对值)列在表 4.4 中,其中括号里的第一个数字表示为美国的评分,第二个数字为苏联的评分.

表 4.4　　美苏双方策略评分分析

苏联策略 / 美国策略	撤除 (β_1)	维持 (β_2)
放弃(α_1)	(0,0)	(−1,1)
坚持(α_2)	(1,−1)	(−2,−2)

这个对策 Γ 是双矩阵对策,其中

$$A=\begin{pmatrix}0 & -1\\ 1 & -2\end{pmatrix}$$

$$B=\begin{pmatrix}0 & 1\\ -1 & -2\end{pmatrix}$$

此对策的平衡解为(α_2,β_1)及(α_1,β_2).前者是美国取得完全胜利(美国坚持,而苏联撤除),后者为苏联取得完全胜利(美国放弃而苏联维持).但实际上这两个结果都没有发生.用 X 记美国的策略集,Y 记苏联的策略集.我们现在来分析一下这个问题.由于

$$\max_X \min_Y A(x,y) = \min_Y \max_X A(x,y) = -1$$

$$\max_Y \min_X B(x,y) = \min_X \max_Y B(x,y) = -1$$

所以

$$R_1(1\Gamma) = \{(\alpha_2,\beta_1),(\alpha_1,\beta_2)\}$$

$$R_2(1\Gamma) = \{(\alpha_2,\beta_1),(\alpha_1,\beta_1),(\alpha_1,\beta_2)\}$$

$$R_1(2\Gamma) = \{(\alpha_1,\beta_1),(\alpha_2,\beta_1),(\alpha_1,\beta_2)\}$$

$$R_2(2\Gamma) = \{(\alpha_1,\beta_2),(\alpha_2,\beta_1)\}$$

$$R_1(12\Gamma) = \{(\alpha_1,\beta_1),(\alpha_2,\beta_1),(\alpha_1,\beta_2)\}$$

$$R_2(12\Gamma) = \{(\alpha_1,\beta_1),(\alpha_2,\beta_1),(\alpha_1,\beta_2)\}$$

$$R_1(21\Gamma) = \{(\alpha_1,\beta_1),(\alpha_2,\beta_1),(\alpha_1,\beta_2)\}$$

$$R_2(21\Gamma) = \{(\alpha_1,\beta_1),(\alpha_2,\beta_1),(\alpha_1,\beta_2)\}$$

于是

$$E(1\Gamma) = E(2\Gamma) = \{(\alpha_1,\beta_2),(\alpha_2,\beta_1)\}$$

$$E(12\Gamma) = E(21\Gamma) = \{(\alpha_1,\beta_1),(\alpha_2,\beta_1),(\alpha_1,\beta_2)\}$$

由 $E(12\Gamma)$及 $E(21\Gamma)$可见,双方的平衡策略为:

美国扬言:若不撤除导弹便入侵古巴,只有撤除导弹才放弃入侵;

苏联策略:对方坚持,我就撤除,对方放弃入侵,就维持原导弹布置不变.

两者对峙之后妥协的结果是,美不入侵古巴,苏联撤除导弹.

还可讨论 1982 年英国与阿根廷的马尔维纳斯群岛之战.此时英军有两个策略:α_1,放弃该岛;α_2,继续占领.阿军的两个策略是:β_1,撤退;β_2,坚守.这个对策 Γ 的双方效益估计(支付)矩阵为

	β_1	β_2
α_1	(2,0)	(−1,2)
α_2	(1,−1)	(0,1)

不难算出

$$\max_X \min_Y A(x,y) = \min_Y \max_X A(x,y) = 0$$

$$\min_X \max_Y B(x,y) = \max_Y \min_X B(x,y) = 1$$

经过仿前类似的分析,有一个唯一的稳定解,即(α_2,β_2),也即英军坚持继续占领,阿军决心坚守.于是,这场战争便爆发了.

冲突分析方法可以帮助我们作战前分析.如果引进“n 人的冲突分析”理论,还可分析战场上多国军队对于战争态势的立场.

除冲突分析外，多人对策的其他方法也有助于分析国家间的形势.《三国演义》中有一个诸葛亮隆中决策的故事. 当刘备与孔明在南阳隆中初次会面时，孔明便为刘玄德出谋划策：占取荆、益两州之地，东联孙吴、北拒曹操，以成天下三分之势. 诸葛亮对刘备的一席话，便是著名的“隆中对”. 后来历史形势的发展，果如孔明所预言的那样，以至于后人凭吊诸葛亮时总是把未出茅庐便知三分天下作为旷世奇功.

为什么诸葛亮能预知天下事呢？是否真像许多人形容的诸葛亮能未卜先知？不是的，是因为他能根据当时的政治、军事形势作出科学的分析. 这种分析可以用对策论中的多人对策的理论加以说明.

假设有 n 个局中人（国家或军队），其编号依次为 $1,2,\cdots,n$，它们的集合记作 N. 从逻辑上讲，此 n 个国家中任何若干个国家都可结成联盟，或者说 N 的任何若干个元素构成的子集 S 都可看作一个联盟. 这样的联盟共有多少呢？如果把一个单个国家（即不与其他任何国家结盟）也看作一个“联盟”，那么，联盟总数为 2^n-1 个. 在每个联盟中的局中人（国家）如果齐心协力使联盟 S 取得的效益（例如实力）记作 $V(S)$，对空集 ϕ（即没有任何局中人的集）赋值 $V(\phi)$，那么，我们便在 2^n 个（原来的 2^n-1 个联盟再加上空集 ϕ）集上定义了集函数 $V(S)$，$S\subset N$. 我们假设两个较小的成员相异的联盟 S,T 联合在一起的效益（或实力）不会少于原来两个较小联盟的效益（或实力）之和，即

$$V(S)+V(T)\leqslant V(S\cup T),S\cap T=\phi,S,T\neq N$$

这时的 $V(S)$ 叫作联盟的“特征函数”.

联盟 S 的成员关心的问题是从 $V(S)$ 中分得多少. 假设局中人 i 分得的是 x_i，$i=1,2,\cdots,n$，其中 x_i 应满足：

$$x_i\geqslant V(i)$$

$$\sum_{i\in S}x_i\leqslant V(S)$$

头一个条件说明局中人 i 所分得的 x_i 不能少于他自己单独一个时所具有的效益（或实力）；第二个条件说明 S 中的局中人的效益（实力）之和不会超过 $V(S)$. 这样的一组 $x=(x_1,\cdots,x_n)$ 便称为分配.

我们不妨假设，如果一个联盟所拥有的实力超过当时社会上总实力的一定限度 q 时，便可支配或称霸社会，否则便不能，那么，此事可表示为

$$\begin{cases} V(S) \geqslant q, S \text{ 能称霸社会} \\ V(S) < q, S \text{ 不能称霸社会} \end{cases}$$

让我们看看诸葛亮是怎样分析当时形势的.曹操经过多年征战，力并群雄，已经统一了中国的北方，形成了"挟天子以令诸侯"之势.他的实力已占当时东汉版图内实力的 40%，江东的孙权，袭父兄之基业，据有江南数州之地，地方殷富，且有长江天堑之险，估计其实力已占当时国内实力的 32%.剩下的荆、益、汉中等州郡若能统一起来，其实力估计为国内实力的 28%.若设握有全国实力的 55%便可称霸全国，握有全国实力的 70%便有能力统一全国，那么，曹操，孙权都尚不足以称霸全国.所以，如果刘备确能收拾荆州、西川、汉中之地，那么三方的实力之比为 40∶32∶28，这就确实成了三分鼎足之势了.因此，诸葛亮为刘备制订了联吴拒曹的正确策略.

为什么要联吴拒曹？除了由于政治上的原因——刘备以"讨伐曹贼，匡扶汉室"为号召外——从实力上看，他也以联吴为上策.因为如果他联曹而讨吴，那么，由于曹操实力大大优于刘备，曹刘联合只会造成刘备为"小伙计"的地位，而刘吴联合，则双方实力相差不多，两家便是"兄弟关系"，平起平坐.这就是为什么刘备应和孙权联合的原因.只要他们两家联合，便能使曹操无所作为，所以曹操就千方百计从中进行破坏.这就是《三国演义》后半部较大篇幅中的重要内容.

20 世纪 60 年代到 80 年代的中、美、苏三国间的关系与中国古代的魏、蜀、吴三国间的关系颇为类似.假如三个国家的军事实力（包括其势力范围以及由此产生的影响）的估计，其相对值美国为 40，苏联为 38，中国为 15，并假设实力相对值超过 51 便能支配、称霸世界，那么，美、苏两国单凭自己的力量都难以达到称霸的目的.但是，任何一方如果和中国联合，便可压倒对方，称雄世界.所以，美国的尼克松总统认识到这一点后，立即采取措施，打出"中国牌".经过世事的沧桑，苏联也感到需要改善与中国的关系（然而，形势的发展，比人们预料的更快，1989 年 5 月，苏联最高领导人戈尔巴乔夫访华时双方宣布关系正常化）.因此，在这个三角关系中，实力最弱的中国反倒成为双方努力争取的关键力量.当然，如果抛开政治制度或思想意识不论，那么，中国与美、苏任何一国的紧密结合，固然能增强该联盟的势力，然而却也同时把中国降低为“小伙计”身份的二等国家. 所以，作为中国来讲，其国策倒不如与美、苏两国保持等距，使另外两方都会对自己有所追求.

从这里所举的事例看，对策论这一数学工具对于分析国际事务是相当有用的.

利用对策理论还可以讨论一些具体的战术问题. 比如有两个稍微大一些的武器，如两辆坦克或两艘鱼雷艇或其他，它们所携带的武器为坦克火炮或鱼雷之类，假设相互敌对的两辆坦克迎面行驶时遭遇并互相射击，又设任何一方发射的炮弹只要命中对方，均可将之彻底摧毁. 这类相互射击的情形颇像两个决斗者持着手枪在一定距离内互相射击. 为简单计，我们暂时假设双方都只能发射一发炮弹. 假定这两辆坦克(分别记为红方和蓝方)都位于相互的射程之内，且能观察到对方是否已经开火，同时还能根据这个情形立即决定自己的行动. 假如红方向蓝方开火但未能将对方毁伤，那么蓝方可以保证在一个容许等待的时间(例如在红方转移之前或装上第二发炮弹之前)内的适当时间里向红方射击. 如果两者初次相遇时的距离为 D，且来不及规避，那么，由于迎面行驶距离会很快缩短，因此彼此的射击精度会随时间增加而提高，一直到最后使射击精度达到 1.

我们来看看双方的策略，蓝方可以采取这样的策略：当红方未准备好之前立即向它开火，或若观察到红方已经射击且脱靶，蓝方便等待到他认为射击精度达到 1 时再行射击. 现在假设蓝方是在双方距离为 x 时射击的，其中 $0\leqslant x\leqslant D$. 类似地，红方也有相仿的策略，设它是在双方相距为 y 时射击的，其中 $0\leqslant y\leqslant D$. 又设双方的射击精度为：蓝方，$p_1(x)$；红方，$p_2(y)$. 它们分别是他们在所指定距离射击时能击毁对方的概率. 当然，p_1 和 p_2 都随着距离的减少而增大的.

假设射中并击毁对方后所得效益估计评分为 $+1$，射击后对方仍生存时评分为 0. 用 $M(x,y)$ 表示蓝方的收益(支付)：即在三类可能的射击时间中他仍然生存的期望值. 这里三类射击时间是指：在红方射击前的射击时间；与红方同时射击的时刻，在红方射击后的射击时间. 这时的收益是：

$$M(x,y)=\begin{cases} p_1(x)\times 1+(1-p_1(x))\times(-1) \\ =2p_1(x)-1,\text{若 } x>y \\ p_1(x)(1-p_2(x))+p_2(x)(1-p_1(x))\times(-1) \\ =p_1(x)-p_2(x),\text{若 } x=y \\ p_2(y)\times(-1)+(1-p_2(y))\times 1 \\ =1-2p_2(y),\text{若 } y>x \end{cases}$$

这是一种二人零和无限对策. 由于 $p_1(x)$与 $p_2(y)$都是当 x,y 减小时增大,所以从蓝方来看

$$\max_x \min_y M(x,y)=\max_x \min_y[2p_1(x)-1,p_1(x)-p_2(y),1-2p_2(y)]$$

现在我们把$[0,D]$划分为如下三个部分:

区间	特点
A	$p_1(x)+p_2(x)\geqslant 1$
B	$p_1(x)+p_2(x)=1$
C	$p_1(x)+p_2(x)\leqslant 1$

这些区间并不是空的. 现设

$$\mu(x)=\min[2p_1(x)-1,p_1(x)-p_2(x),1-2p_2(x)]$$

那么,显然有

$$\max_x \min_y M(x,y)=\max_x \mu(x)=\max[\max_{x\in A}\mu(x),\max_{x\in B}\mu(x),\max_{x\in C}\mu(x)]$$

经过分析讨论(因为琐碎的数学讨论并非本书的主旨,故从略),可知有 x^* 使

$$\max_x \min_y M(x,y)=p_1(x^*)-p_2(x^*)$$

其中 x^* 满足

$$p_1(x^*)=p_2(x^*)=1$$

类似地,存在 y^* 使

$$\min_y \max_x M(x,y)=p_1(y^*)-p_2(y^*)$$

其中 y^* 满足

$$p_1(y^*)=p_2(y^*)=1$$

这就是说,在 x^*,y^* 处存在鞍点(或平衡点),使之对于双方来讲,最佳的策略是在相距为 l 处射击,其中 l 满足 $p_1(l)+p_2(l)=1$. 此时,蓝方的效益为至少是 $p_1(l)-p_2(l)$. 而红方所失最多为 $p_1(l)-p_2(l)$.

上面的讨论中,红蓝双方对抗射击中存在鞍点,然而,也有可能有

一些情况并不具有鞍点. 特别当两个武器的价值并不相当之时,例如一架战斗机与一架重型轰炸机之间的格斗,或一艘鱼雷艇与一艘巡洋舰之间的战斗,他们的效益与他们的生存有关了. 这个情况会使我们想起英阿马岛之战中,阿军的一枚导弹击沉英军大型军舰的例子. 显然,英舰的沉没,引起了英军方的关注,同时,也引起了世界上一些人士的思索. 发展大型昂贵的船只是否值得呢?

让我们回到所讨论的问题上来. 仍设蓝红两方的射击精度分别为 $p_1(x)$ 与 $p_2(y)$,并假设双方都能实时地观察到对方是否已经射击. 因此,当一方射击未中,另一方肯定获得还击一发的机会. 不同型的武器其防护能力不同,故其生存能力也未必相同. 假设如下支付的评分的权数为

α——蓝方仍生存;

β——红方仍生存;

γ——红蓝双方无一生存;

O——双方都生存.

因为假设蓝方为大型的昂贵武器,因此比较合理的是假设 $\alpha>\beta$.

仿前面的讨论,可给出蓝方的支付函数 $M(x,y)$ 为

$$M(x,y)=\begin{cases}(\alpha-\beta)p_1(x)+\beta, x<y\\ \alpha p_1(x)+\beta p_2(y)+(\gamma-\beta-\alpha)p_1(x)p_2(y), x=y\\ \alpha-(\alpha-\beta)p_2(y), x>y\end{cases}$$

它也是二人零和无限对策. 这个问题便没有鞍点. 由于 $p_1(x)$ 及 $p_2(y)$ 都是非增函数,可得

$$\begin{aligned}\max_x \min_y M(x,y) &= \max_x \min[(\alpha-\beta)p_1(x)+\beta, \alpha p_1(x)+\\ &\quad \beta p_2(x)+(\lambda-\beta-\alpha)p_1(x)p_2(x), \alpha-\\ &\quad (\alpha-\beta)p_2(x)]\end{aligned}$$

$$\begin{aligned}\min_y \max_x M(x,y) &= \min_y \max[(\alpha-\beta)p_1(y)+\beta, \alpha p_1(y)+\\ &\quad \beta p_2(y)+(\lambda-\beta-\alpha)p_1(y)p_2(y), \alpha-\\ &\quad (\alpha-\beta)p_2(y)]\end{aligned}$$

函数 $(\alpha-\beta)p_1(x)+\beta$ 为单调增而 $\alpha-(\alpha-\beta)p_2(x)$ 为单调减,所以,存在某个 x_0 满足 $p_1(x_0)+p_2(x_0)=1$,使上两个函数在点 x_0 处有公共值(图 4.7).

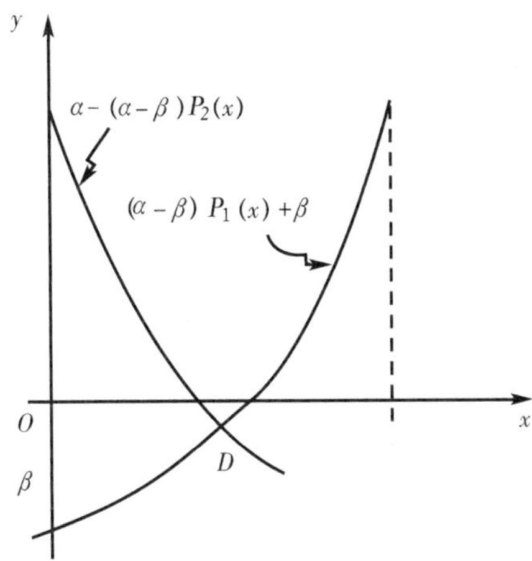

图 4.7

$$z_0=(\alpha-\beta)p_1(x_0)+\beta=\alpha-(\alpha-\beta)p_2(x_0)$$

此时有以下结果：

若$(\gamma-\beta-\alpha)>0$，则不存在鞍点，此时蓝方有最优纯策略，即在 x_0 处射击，而红方无最优策略；

若$(\gamma-\beta-\alpha)<0$，红方有最优策略，而蓝方没有最优策略；

若$(\gamma-\beta-\alpha)=0$，这时是存在最优纯策略的.

上面讨论中，双方都携带一枚弹丸，实际上，现代武器中大多数都是携带多枚(例如多枚导弹)，这时会有什么情况呢？

基本的假设、讨论等均与上面的讨论相似，不过，我们假设在时刻 t，蓝、红两方分别拥有 $m(t)$ 和 $n(t)$ 发弹丸(导弹、鱼雷或炮弹)，并假设双方的射击精度都是 $p(t)$. 仿前讨论可知，双方的优策略是：当其中之一拥有一发弹丸时，他应于

$$p(t)=\frac{1}{m(t)+n(t)}$$

时发射一发. 然而，当另一方拥有数发弹丸时，他可不必发射，并一直等到 $p(t)>1/(m(t)+n(t))$ 时才开始射击. 换言之，他可以等到对手已不能发射的那一瞬间开始射击. 这颇有点“后发制人”的味道. 这时，蓝方生存的可能性是：

$$\frac{m(0)-n(0)}{m(0)+n(0)}$$

其中 $m(0)$，$n(0)$ 分别是蓝、红两方交火的初始时刻所拥有的弹丸

数量.

这类问题还有很多,例如上面假设双方的射击精度均相同,然而实际上,双方的精度未必相同.另外,我们假设在射击之后双方都能观察到对方是否发射,然而,在战场的复杂环境中,我们还应假设可能无法观测到对方是否已发射的信息(例如,可设想在有噪声情况下,对方用无声手枪射击,只有在自己受伤时才可能知道受到了伤害).这颇有点像双方都用中远程导弹进行攻击,而这时双方的监测系统又都有一定程度的损伤的情形.这时,当然也会涉及双方的弹丸的精度问题,多发弹丸的问题,以及连续发射的问题等等.

在我们讨论的问题中,目标(也就是敌方的武器或运载武器的工具)往往是在运动的.因此,在讨论这类两相互遭遇武器的格斗时,还应考虑到目标的运动.你在前一时刻所测得的目标位置的数据,待到用于射击时,已经成为"迟到"的信息了.如何使之"实时"的呢?这就要求我们构造模型时,应考虑给予一个"提前量",或做一种"预测",或者,在对策模型中,讨论一类 ε-优策略,即容许有一些微小的误差时的优策略.

空军是现代军队中十分重要的组成部分,一个国家如果没有强大的空军,简直可以说是没有国防.现在让我们来讨论一下空军中的某些战术问题与数学的关系.空军作战中,大约有三种类型的任务:

空袭——这主要是针对敌方的威胁而对敌空军基地进行攻击,以破坏敌之飞机、人员以及地面设备等;

防空——这是针对敌方对于我方(机场)基地、营房等等进行空袭而进行的空中防御;

地面支援——这是用于对地面战场所进行的空中支持.

于是,在一个司令员面前,就面临着如何分配自己手中的力量以很好完成上述三类任务的问题.现设蓝方有 p 架飞机而红方有 q 架飞机.假设在开始作战时,蓝方指定了 x 架飞机用于争夺制空权,用 u 架飞机用于防空作战,于是,剩下的飞机为 $p-x-u$ 架,它们可用于地面支援.类似地,可设红方指定 y 架飞机用于空袭,w 架用于防空,剩下的 $q-y-w$ 架飞机可用于地面支援.双方能侦知对方初始具有的飞机数,但并不能知道对方的关于飞机的作战分配数,因为那是对方的作战机密.

当红方用 w 架飞机来进行空防(用于拦截敌机)时,蓝方能有多少架飞机通过突破红方的防御而飞达其所要袭击的目标(如红方机场)的上空并进行轰炸？显然,这与红方用于进行空防的飞机数量有关,即蓝方在突防过程中因战斗受阻或被击毁的飞机数量与红方的用于防空的飞机数 w 成正比.设蓝方受阻的飞机数为 cw,这里 c 是一个比例系数,它与双方的飞机性能、飞行姿态、武器性能等有关.因此,蓝方能突防并飞抵目标上空的飞机架数为 $x-cw$ 或 0(若 $cw>x$ 的话),即蓝方飞抵红方目标上空实施攻击的飞机数为 $\max(0,x-cw)$.设蓝方所要攻击的目标是红方的空军基地,在那里停着红方的飞机.显然,红方的基地中的飞机因受到蓝方攻击而损失的架数与蓝方能实施此项攻击的飞机数量成正比,设为 $b\max(0,x-cw)$.这里 b 是一个比例系数,它与目标的防护特征(如伪装,机场附近的火力设置)以及蓝方飞机的攻击能力有关.再假设红方在初次受到攻击后,又从后方调来 s 架飞机进行增援、补充,并设红方在初次受到攻击后仍有 aq 架飞机生存下来,这样,红方这时仍然可以调用的飞机数为 $s+aq$(它们仍然有受到蓝方攻击的危险),于是,红方在再次受到攻击后还可用于作战的飞机数为

$$\begin{aligned}&\max\{0,aq+s-\min[s+aq,b\max(0,x-cw)]\}\\=&\max[0,aq+s-b\max(0,x-cw)]\end{aligned}$$

类似地,经过交战后,蓝方仍可用于作战的飞机数为

$$\max[0,dp+r-e\max(0,y-fu)]$$

这里的系数 d,e,f 以及数 r 等,其含义与 a,b,c 以及 s 相仿.

双方对效益的估计是什么呢？诚然,用于作战的飞机,由于型号不同,其战术技术性能等均不一样,先进的与落后的不可相比.但为简单起见,不妨认为双方的飞机作战性能一样.因此,我们仍只需比较他们各自拥有的飞机数量,便可认定谁占有优势.由于蓝方用于支援地面的力量为 $p-x-u$,红方用于地面支援的为 $q-y-w$,双方的差为

$$p-x-u-(q-y-w)$$

显然,这个值为正时,表明蓝方在制空权上占有优势,反之,则表明红方在制空权上占有优势.这样,双方在经过 N 次交战之后,蓝方的总

的效益累积应为

$$M = \sum_{N} [p - x - u - (q - y - w)]$$

作为蓝方来讲，欲使 M 尽可能大，而红方则欲使 M 尽可能小，这是一个对策问题.

让我们先来讨论简单一点的情形，即空军作战时只有两项任务：空袭和地面支援. 这等于说，上面讨论中的系数 c 及 f 均设为零. 于是，在第一次交火之后，可得

$$q_1 = \max(0, aq - bx + s)$$

$$p_1 = \max(0, dp - ey + r)$$

如此继续进行第二次，第三次……直到第 N 次，其中

$$p_n = \max(0, dp_{n-1} - ey_{n-1} + r_{n-1})$$

$$q_n = \max(0, aq_{n-1} - bx_{n-1} + s_{n-1})$$

从而

$$M = \sum_{n=1}^{N} [(p_n - x_n) - (q_n - y_n)]$$

这时双方的优策略是什么呢？显然，为要完全消灭红方的飞机，蓝方在全力进行空袭对方目标时，其飞机数，在第 n 次时应为

$$x_n = \min\left(p_n, \frac{aq_n + s_n}{b}\right)$$

并记此策略为 A. 同样，红方全力用于空袭对方目标时的飞机数，在第 n 次时应为

$$y_n = \min\left(q_n, \frac{dp_n + r_n}{e}\right)$$

反之，若在第 n 次 $x_n = 0$，这表明蓝方把所有飞机用于地面支援，记此策略为 G. 对于红方，同样有 A、G 两个策略.

采用什么策略，显然是和飞机性能、目标防护能力等有关，或者换句话说，与前面所提到的诸系数 a, b, e, d 等值有关.

我们不妨设

$$a + b \geqslant 1, \qquad d + e \geqslant 1$$

当然，每次采取的措施显然也与上次的行动有关. 若设 f 和 g 分别是满足以下不等式的最大整数：

$$\frac{1}{e} > \frac{1 - d^f}{1 - d}, \quad \frac{1}{b} > \frac{1 - a^g}{1 - a}$$

那么,经过讨论,可得如下结果(表 4.5).

表 4.5　　　红蓝双方空军分配策略分析

参数范围	局中人	执行战斗任务的飞机数 n 的最优分配			
		$1\leqslant n\leqslant \min[f+1, g+1]$	$\min[f+2, g+2]\leqslant n\leqslant t$	$n=t+1$	$t+2\leqslant n\leqslant N$
$a+b\geqslant 1$ $d+e\geqslant 1$ $f<g$	蓝	G	G	A	A
	红	G	A	A	A
$f=g$	蓝	G	A	A	A
	红	G	A	A	A
$f>g$	蓝	G	A	A	A
	红	G	G	A	A
$a+b\leqslant 1$ $d+e\geqslant 1$ $(g=\infty)$	蓝	G	G	A	(A,G)
	红	G	A	A	(A,G)
$a+b\geqslant 1$ $d+e\leqslant 1$ $(f=\infty)$	蓝	G	A	A	(A,G)
	红	G	G	A	(A,G)
$a+b\leqslant 1$ $d+e\leqslant 1$ $(f+g=\infty)$	蓝	G	G	G	G
	红	G	G	G	G

表 4.5 中整数 t 是另一个参数.

类似地,可以讨论当执行三项任务时的情形.此时

$$p_1 = \max[0, p - e\max(0, y - fu)]$$

$$q_1 = \max[0, q - b\max(0, x - cw)]$$

等等,不必一一赘述.

有些问题必须提及,这就是:常常是在战役进行之中使用空中对地面的支援并一直到战役结束;空中力量强的一方常常为执行各项任务而把自己的力量分散;力量弱的一方为节省力量常常综合其战术要求而实行集中兵力,当然,防御的一方在战役进行中,其实力往往是在减少的.所有这些情况,特别是一次较长时间的战役行动中,在制定模型时,都应给出必要的定性的说明.

空军常常还有一项任务是进行战术侦察.例如,当指挥员计划对某个目标进行攻击时,他必须要了解该目标的军事价值以及其他等等,以便确定是否攻击,攻击时使用多大的力量等等.但是,侦察也往往是要付出一定代价的.所以司令员在做出是否实施侦察之前,也有

必要对侦察的代价进行估计.

假设我们采用设备较齐全的侦察机在目标上空进行侦察，那么，所谓成功的侦察应该是：能确切侦知目标的价值. 为此，侦察机必须能飞达目标上空并安全返回. 现在，我们先假设几个记号：设 B 为一架轰炸机的军事价值；R 为一架军用侦察机的军事价值，T 为目标的军事价值；$\phi(t)$为目标的值不超过 t 的概率，这个概率分布不妨在侦察之前做先验估计；r 为在此次战斗行动前派出的侦察机数，b 为此次战斗任务期间所派轰炸机的数量；p 为侦察机与轰炸机在由基地飞向目标的途中的生存概率；aT 为目标经受一次轰炸后的可能具有的军事价值；a^2T 为目标经受两次轰炸后可能具有的军事价值等等.

那么，这次攻击的目的是什么呢？如何估计其效果？显然，作为一个司令员，他希望效果能尽可能的大. 换言之，他要尽可能使目标受到的损伤与自己这一方的飞机损失之间的差距尽可能的大. 这个效益 M 的估计是依赖于 r(侦察)与 b(轰炸)，我们可考虑为

$$M(r,b) = \int [t(1 - a^{pB}) - (1 - p^2)Bb - (1 - p^2)Rr] \mathrm{d}\phi(t)$$

被积函数中第一项，说明目标的毁伤程度，剩下的其余两项分别表示炸弹与飞机的损失.

这是一个具有可分离的支付函数的无限对策. 它可用有关的对策论的算法求解. 其最优策略是关于侦察次数 r^* 及轰炸次数 b^*，它们分别是(解的过程从略)：

$$r^* = 1 + \frac{1}{p}\ln\frac{AP}{R}$$

$$b^* = \begin{cases} \ln\left(\frac{T}{D}\right)/(-p\ln x)，若有关于目标的侦察结果 \\ \ln\left(\frac{\phi_1}{D}\right)/(-p\ln\alpha)，若不能确切得知侦察结果 \end{cases}$$

其中 $$P = -\ln(1-p^2),\quad D = -\frac{(1-p^2)B}{p\ln\alpha}$$

$$\phi_1 = \int t\mathrm{d}\phi(t),\quad A = D\int \ln\frac{\phi_1}{t}\mathrm{d}\phi(t)$$

而期望得到的效益为

$$M(r^*,b^*) = \phi_1 - D - D\ln\frac{\phi_1}{D} + \frac{1}{p}[AP - (1-p^2)R] -$$

$$(1-p^2)Rr^*$$

而当未派出过侦察机时，其最好的期望效益是

$$M(b^*) = \phi_1 - D - D\ln\frac{\phi_1}{D}$$

对于两架飞机之间的格斗、追逐如何描述呢？由于是对抗，因此就会变成对策问题，又由于两架飞机都在高速运动，而描述运动的方程，就需要用到微分方程的工具，两者结合起来，就诞生了“微分对策”(Differential Game)这个对策论的新数学分支.最典型的微分对策问题是“追逃问题”，它是指两架飞机的追逐问题，其中追者处于有利的可进行射击的状态，被追者处于易受攻击的位置.所以，一方要在尽可能短的时间内“追上敌机”——所谓“追上”，是指追至敌机位于自己射击精度为1的射程之内，从而能一举将敌机击落；当然，逃者力图摆脱这种追击，并且在可能时使自己由被追者变为追者.由于驾驶员可以控制飞机的速度、航向，所以微分对策又引起控制论专家的兴趣，并吸引了不少控制论专家参与研究工作.伊萨克(R. Isaacs)写了一本微分对策的书，讨论过众多的空战或空中格斗的模型，十分引人入胜，我们在此不做介绍了.

对策论还可以用于其他一些问题，如两个交战国旷日持久的进行战争，双方人民都厌战，都愿意停火，但是双方的首脑谁也不愿先服输，于是，战争一轮又一轮地拖下去.何时停战为好？我们可以把它当作是随机对策或重复对策的问题来研究.又如几个国家之间的限制军备或裁军谈判，也可以用重复对策的理论来进行探讨，甚至三军的经费合理分配，也可以采用多人合作对策的理论来加以讨论.所以，对策理论是一种比较有用的理论分析工具.

4.6 用计算机模拟军事活动

虽然我们可以利用各种理论的或其他的方法对每次战斗或战役做事先的分析，然而战争毕竟是十分复杂的，它往往是在不同的地理环境(森林、平原、丘陵、水网、沙漠、草原、雪原……)、不同的气候条件(干旱、阴雨、浓雾……)下作战，使用各类不同的武器，那么，我们的战前分析或提出的理论是否正确？人们常说：“从战争中学习战争.”事实上也是如此.我军大批的高级将领都是从战争中成长起来的，他们

都积累了丰富的军事知识和宝贵的作战经验.许多新式武器的效能评定、正确的使用方法也都是通过战争得到肯定与检验.所以,中东地区在某种意义上成了军火生产大国的新武器的试验场.然而,在比较和平的国际环境中,怎样才能对新的军事设想、新的武器进行检验呢?怎样对军官们进行战术或战役的训练呢? 19 世纪,在军官的训练或战前的分析中,已经普遍使用沙盘作业的方法,还有就是采用军事演习.然而,沙盘只是提供了地形、背景和敌我双方的兵力部署态势,红蓝双方指挥员在这个模型上进行辩论研究,所得的信息多属定性的、概念式的.军事演习虽然“真实”得多,然而却又耗费过大,而且究竟还有一些“演戏”的成分.因为你进行攻击的目标常常是事先做了精心安排的或者是假的.那么,有没有一种价格比较低廉,而且又能不断模仿客观的真实的作战环境的一种方法呢? 或者,军事学家能不能像其他科学家那样,建立一种“军事实验室”呢?

这种理想在 20 世纪 50 年代以后,逐步变成了现实.这种方法便是用计算机进行作战模拟.

让我们看看一个典型的作战模拟过程:通常可以根据上一级指挥员下达的任务(例如一类战术的研究,一类武器的运用,或一次典型战斗,等等)来提出军事想定,编制计算程序,上机计算、分析.其过程可用图 4.8 的框图表示.

在这个框图中,大体上划分成这样几大部分:

(1)领受任务后的战斗想定,并随之构造数学模型:这里当然是由军事家(司令员,参谋长)出题,而数学工作者(或军内的运筹专家,参谋)研究数学模型.可供使用的方法有各类数学规划——线性、非线性、整数、几何、动态…… 排队论,搜索论,对策论,马氏过程,控制理论,兰氏方程……以及其他可能用到的数学工具.

(2)输入各种数据:这一部分实际上包括各类数据的收集,数据可靠程度的判断、处理.如果完全按实际情况,这里可能只有部分工作是数学家可以做的.然而,在研究过程中,为了显出统计的规律,许多数据可能是人为地模仿客观战场环境而随机输入的.因此,人们可以采取产生随机数的方法或依蒙特卡罗(Montcarlo)的统计试验方法,输入大量的数据来计算,比较结果.

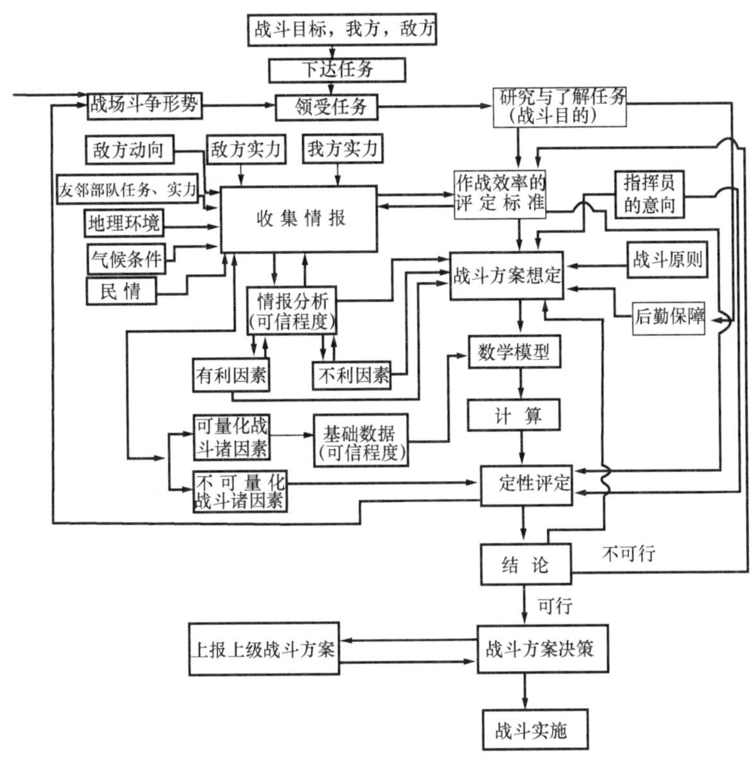

图 4.8

(3)编程计算与分析:模拟的关键部分是编制所需的计算程序,上机计算.显然,研制所需软件,需要许多数学家.经过计算后输出结果,再经军事专家与数学家一起分析,看看是否满意.如果不满意,则可做出修改.

在供训练用的有关作战模拟软件中,军官可以不断改变不同的输入数据.

作战模拟技术已经受到许多国家军队的重视,例如,1982 年美国统计部门透露,他们已经建立了数百个军事模拟的模型,其中有战略模型,战区(战役)模型,陆空联合的战术模型,陆军战术模型,空军战术模型,城市战斗模型,海军战斗模型,C^3I 自动化指挥系统模型,电子战模型,以及后方勤务与运输模型、武器性能论证模型,等等.

我军从 20 世纪 60 年代开始,已逐步开展作战模拟的研究,并已日益受到三军和各大军区的重视,在许多军校的教学训练中也逐渐使用了这个方法.

既然我们可以利用计算机来模拟各种类型的作战,并可在屏幕上显示出模拟的结果，而且还可以根据指挥员的要求来改变作战要求和条件，甚至还可以利用专家系统的知识，把军事专家的丰富经验储存在知识库中，同时利用计算机的逻辑推理、判断功能，在一定范围做辅助决策甚至决策，总之，人们可以充分利用人工智能的各种知识，那么，我们很自然会提出一个问题：未来战场上是否能像某些科幻影片中所描述的那样，只要用计算机便能指挥打仗？或者我们能不能完全相信计算机？这确实是一个十分严峻的问题.

我们以为，这种由计算机代替指挥员或代替军人的事，至少在未来可以预见的年代，或者在战争消灭以前，是不会成为现实的. 因为：

(1) 人脑是一个十分巨大的复杂系统，目前所研制成的任何巨型的计算机，都未能达到这样的程度；

(2) 人的思维过程十分复杂，它不但能学习、回忆、判断、推理，而且善于联想、幻想……然而，计算机目前虽能做到记忆（输入、储存信息）、回忆（调用已存入信息）、比较、计算、判断、推理、甚至简单的学习，然而它只能按计算机研制者事先赋予它的逻辑结构、功能来进行"思维"（实即计算），舍此以外，不能越出雷池一步，因而也就无法进行联想、幻想……所以它只能按事先规定好的规律来做出各种必要的反应与推论. 也就是说，计算机发展得再好，性能再高明，它也不过是依事先赋予它所具有的功能的范围内的一个按给定规律办事的（即使是十分精明的）"机器人"而已.

说到这里，不禁使我们回忆起一个故事. 当年驰骋欧洲大陆、叱咤风云的法国皇帝拿破仑，有一次回答别人问他为什么总打胜仗时说，他面对的一批对手是只知背诵条令、操典的将军. 这也许真的就是拿破仑总能出敌不意而置敌于死地的原因了. 应该说，人与机器的最大不同就是，人是能够创造新概念、新事物的.

虽然如此，利用计算机，再使用数学方法、人工智能等等技术，可以节省指挥员和参谋人员的大量的重复性的脑力劳动，从而可以使这些军事专家更好地进行创造性的思维活动，更有效地进行指挥.

4.7 坚强的后勤支持

我们在前面已经谈到现代战争中需要消耗大量的军需物资，因而需要强大的后勤支持.这里，当然也涉及许多数学问题.除去我们前面谈到的运输军用物资而涉及的数学规划——主要是线性规划、图与网络算法等数学问题之外，还会提出许多别的数学问题.

例如，我们的军用仓库的地址选在何处？假如和运输问题联系起来，那么，由军需工厂运来军需物资，同时再由仓库把物资发到各军队的驻地或营房，那么选择何处建库能使运输费用最省？

武器和弹药都是有一定的时间期限的.例如，有一些武器常常由于出现更新更好的武器而被淘汰，另外，有一些弹药常常会因贮存时期过长而失效.因此，后勤部门应该采购（或贮存）多少武器弹药为最好？这里有一个库存的问题.

在和平时期，也许武器弹药少贮存一点、甚至缺少一点都不要紧.然而现代战争的突发性很强，往往是突然发动，然后又迅速结束（如马岛之战）.在战争期间，武器弹药或其他军用物资必将大量消耗，这恰恰像一个脉冲一样.那么，既兼顾平时，又考虑到可能的战争，那么贮存多少物资才能应付这类突发事件？这又是一类贮存问题.

一个战士、一个班或一个连队，应该配发多少作战物资为好？尤其是在战争的环境下，军队在运动，那么一个战士或一辆军车，以携带多少物资（武器、弹药、食品……）为好？这既要考虑作战的需要，又要考虑携带能力的限制，这是一个背包问题——在容量有限的条件下尽可能携带更多的有效物资.

有一些武器的零配件极易受损.例如飞机、坦克、军舰或其他重要武器中某些关键性部件，有的条令甚至规定某些部件使用的期限，到时（不论损坏与否）都需更换，这样做的科学根据何在？其配件使用寿命可否延长？准备多少备用件为好？这些是属于可靠性理论的讨论范围.

上面已经提到，由于新技术的不断发展，一些武器往往为部队装备不久便已"过时"，甚至刚刚制造出来便已成为"淘汰"的对象，那么，如何论证和预测武器的寿命（由研制成功到服役、退役）？新武器的研制是否合理？这涉及预测等问题.

又如修建一个大型的军事设施，例如机场、军港等等，其规模、设备多寡，均需论证.例如，机场应设多少条跑道？军港能提供多少个泊位？这些都和相应的军队的规模有关.这实际上涉及排队论的问题.

如果愿意的话，我们还可以罗列出许多数学问题.这些数学问题都是属于军事运筹学的范围.

由此可见，军事运筹学是一门重要的学科，所以，它已成为20世纪以来军事科学中一个进展非常迅速的而且又是相当重要的组成部分.

五　司令部工作与数学

司令部是一个军队中最重要的部门之一. 司令员和他的参谋部门,可以说是这支军队的大脑. 在他们或围绕他们的工作中,能涉及什么数学呢?

5.1　明君贤将,所以动而胜人;成功出于众者,先知也

作为标题的这句话出于孙子兵法. 它是说贤明的君主和英明的统帅能够战胜敌人,在于能事先了解敌人. 但是,怎样做到这一点呢?

最常用的方法是派间谍去刺探敌人的军事机密. 他们的工作是艰苦而危险的. 许多这类的小说、影片都一再推出许多扣人心弦的情节与令人惊心的画面. 当然,小说、影片都带有作者和导演的想象,其中有许多夸张的渲染,但也确实说明获取敌方的情报与传递情报之不易.

每当边境有敌人来犯的警报时,怎样把这种警报向京都或统帅部报告呢? 在古代,通常采用的方法有:利用烽火传递——在每隔相当距离的高处修筑烽火台,一旦有敌警,立即焚烧起狼烟,距它最近的烽火台观察到狼烟之后也接着焚烧,这样一个台一个台地传下去. 抗日战争中在敌人后方坚持游击战的一些群众采用的"消息树"也与此类似. 另外一种方法是建立驿马制度,专门有一些驿卒或探子骑马奔驰,一站一站地一刻不停地把紧急文件传递过去. 当然,这种落后的通信方式已逐渐为电报、有线或无线电话以及其他更先进的通信方式所代替了.

我们的祖先是具有丰富的想象力的. 在《封神榜》和《西游记》这些古典小说里,塑造了"千里眼"和"顺风耳"这样的神怪. 它们的本事可

大了，千里之外的事都能看到、听到，当然，这样一来，敌人的一举一动，也就了如指掌了. 这些幻想，在今天已经成为现实. 远距的警戒雷达、太空中巡行的侦察卫星以及设在水下的监听设备，还有为各种任务而派出的侦察飞机，都能不断地把敌方的动静随时加以监视报告. 当然，不用说每个国家还有许多情报或特工人员，专门从事收集、分析其他国家的有关信息.

我们观看一些武打影片，一些武林高手之间的搏杀确实使人惊心动魄，一招一式配合之巧妙，动作之惊险、优美，令人叹为观止. 当然，这里有一些特技的摄影手法. 然而，当你观赏武术家们的表演时，也确实拳脚优美、无懈可击. 他们的这些动作，其实都是由他们的头脑所指挥的. 当他看到对方一拳击来或听到背后的响声时，都会自然地做出反应，化解敌人的招数，同时对敌进行反击. 我们的军队能不能也像一位武林高手那样，在一旦得到敌国侵犯的信息时，立即做出适当的反应？这就引起指挥自动化的设想.

指挥自动化，或者称为 C^3I 系统，是指把情报、通信、控制、指挥联系起来的一种系统. 这里 C^3 和 I 分别指：控制（Control）、指挥（Command）、通信（Communication）和情报（Information）等英文单词中的头一个字母. 这类系统最早出现于 20 世纪 50 年代，主要用于防空. 它把远程警戒雷达、机场和指挥所联系起来，构成一个整体. 一旦雷达发现敌机入侵，立即进行监视，并把有关信息传递到指挥所与机场，并根据指挥所的命令迅即做出反应. 这样的系统，随着计算机与各类更先进的通信设备的高速发展，而不断地推广于陆军，海军，出现了各种各样的 C^3I 系统. 美国前总统里根所提出的 SDI 计划，其核心部分是一个非常巨大的 C^3I 系统.

在陆军中的 C^3I 系统是怎样的呢？作战行动一般包括 4 个过程：(1)侦察；(2)判断情况；(3)定下决心；(4)作战实施.

因此，就以上四部分来说，陆军的 C^3I 系统应该包括以下几个子系统：

(1)情报收集子系统. 这些情报来源包括各类战场监测设备，如雷达，红外，光学等设备，各类侦察手段，包括来自卫星发射的信息，飞机与直升机的侦察，以及密布于战场各处的传感器接受并发回的信息，来自敌俘的信息，以及来自上级及友邻部队传来的信息，等等.所有这些信息必须实时地输入传送网络中及时传输.

(2)信息传送网络系统.收集到的信息应通过各类手段及时传送到有关子系统.这种传送网络有时称为“信道”，传送的方式或工具可能是有线的，也可能是无线的.通常，为了保守机密，许多情况下可能采取有线的方式.这就需要敷设通信电缆或光缆.另外一种方式是采用无线的传播方式，但这种信息同样可以为敌人接收、利用.所以，何时采取有线方式，何时采用无线方式，确实应有所选择.

(3)情报处理子系统.收集到的情报来源较多，信息量大，在传送过程中也许会产生错误，例如受到敌方的干扰、破坏，各类情报提供的信息可能会相互矛盾，有些信息可能已经过时等等.所以，所得的信息应该加以处理.例如，进行分类、比较、鉴别、存档、综合、转送其他子系统等等.这些结果都会在各类显示设备上显示出来，供指挥员和参谋以及各类有关人员观察，并可接受指挥员或参谋人员拍入的指令.

(4)作战辅助决策子系统.这类作战辅助设备常常由一些专家的知识库以及模型方法库等等组成.它能对常规的情况实时地给予处理，如命令有关监测设备继续监视跟踪等等，为一些较重要情况提供各类可供选择的方案，或者对某些潜伏的危险提出警报等等，提供给指挥员或参谋人员做决策时参考.

(5)指挥子系统.这主要是由指挥员及参谋进行作战指挥的一些设备:各种型号的显示屏幕，能够显示各类必要的信息以及作战态势，能监视和显示特别关心的战斗区域的情况，有各种通信控制器、语言识别器——指挥员可以直接用语言向这个系统中用于指挥作战或操作的人-机接口的设备下达命令，有各种办公自动化设备，用于形成作战文书编辑、生成报表等，并可用传真技术迅速把有关的报表、文书、态势图等图像传送到有关部门.

这些子系统连接起来，主要是依靠各种类型的计算机进行工作.这些计算机运算速度快、容量大、并且具有一定的逻辑推理功能，最好还具有智能的功能.其中，情报收集子系统就像人的感觉器官——眼、耳、口、鼻、皮肤……传送各类信息的网络或信道就犹如人的神经系统或其他能传递感觉的经络.后面三部分子系统，可以说相当于人的大脑,其中情报处理子系统是把所得的信息加以整理并进行初步处理,就好像一个人看到某个事物,他头脑中马上会反映出,“啊,这个我见过.”或“咦,这是什么东西?”之类.有一些外来的信息它可能直接便加以处理,并不必再经过指挥员,这恰恰像人们对一些外来信号(感觉)下意识地作出反应一样.例如,当你的手突然被火灼伤时,你会不自觉地把手缩回.作战辅助决策子系统,实际上是替指挥员或参谋节省一部分脑力劳动,有如人的大脑一样,可以对某些事物进行常规的、一般的初步分析,甚至提出几种办法(犹如这个子系统提出若干个供指挥员选择的作战方案一样).指挥子系统,就是经由指挥员对信息、态势、方案的比较分析,做出最后的决策,并下达命令.当然,这个指挥子系统还负有协调所属各部队之责.我们看一个武林高手表演,其手、脚动作之协调优美,令人惊羡,而一个手脚不协调的人,不但动作丑恶可笑,也一定不具威力,和别人竞技必然败北.一个现代化的军队中,各军、兵种很多,若不能互相配合,协同作战,也必然贻误战机,定吃败仗.

我们把上面的描述过程,用图 5.1 来表示.

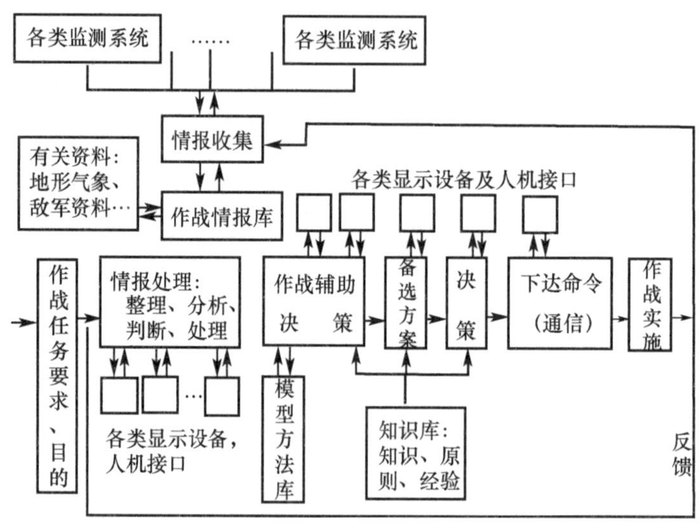

图 5.1

这个指挥-控制-通信-情报系统为什么不简称为 3C-I 或 CCCI 系统,而写作 C^3I 系统呢?原来,最早建立这类系统的军事专家们认为:这个把指挥、控制、通信、监测与情报处理诸子系统联成一体的系统,所发挥的威力远非这些子系统的威力的相加，而是成倍地增长，是各个子系统的各自威力的“乘积”，有人称之为各子系统能力的“倍增器”，所以自然就写作 $C\times C\times C=C^3$ 了. 事实上也确是如此.

5.2 信息论以及其他有关数学问题

作为支撑 C^3I 技术的基础理论和方法是什么？假如我们略去那些昂贵的设备如大型的远程预警雷达、卫星、各类通信设备、计算机以及有关的理论不谈(虽然研究、阐述、制造、使用这些设备时，也涉及大量的数学问题)，有一门重要的数学分支叫作信息论(Information Theory). 它是 40 年代由美国数学家香农(C. E. Shannon)等人所创立的关于通信系统中的信息传输的数学理论. 这是综合了数理统计、概率论、泛函分析、傅里叶分析以及一部分代数知识而形成的边缘性的数学分支. 作为 C^3I 中信息传递的重要通道(通常称之为信道)的通信网络，其信息传送的数学描述恰恰就是信息论.

一个信息传输系统，有信息的发生源，或称为信源(在 C^3I 系统中，就是由各监测设备中探测到的信息，上级、友邻部队传来的信息，由本指挥所传出的或下达的指令等)，信道——传输信息的通道，以及最后接受信息的接收端. 由于由信源提供的信息在经由信道传送之前要进行处理(例如在 20 世纪初，主要采用电报作为通信或下达命令的手段时，先要把命令变成可以通过信道传送的电报码)，所以我们把将信源提供的信息转换为能通过信道传送的信号这个过程叫作编码(Coding)，相应的在信号经由信道传到接收端时，还要先经过译码(Decoding)，把传来的信号变成人们(或接收端)能够辨认的信息，以及在传送过程中或者受到外界的干扰(如采用无线电波通信，你的接收端还常常会接受到频率相近的讯号)或输入、输出时人为因素的错误，我们就把这些干扰或错误统称之为“噪声”(noise). 具有噪声的信道叫作有噪声信道，否则称为无噪声信道. 其示意图如图 5.2 所示：

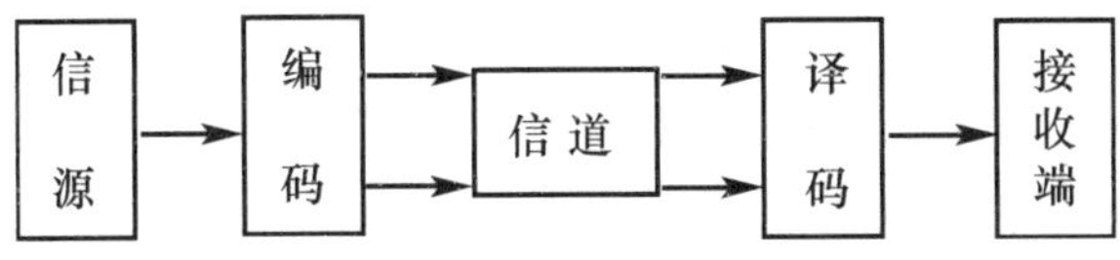

图 5.2

在信息论中，一个重要的概念是"信息量"，它的计量是用"熵"(entropy)表示，这个熵是什么意思呢？假如信源是由一个有限的集合 A(例如 A 是由一组字母 $a_1,a_2,\cdots,a_N$ 所构成，正如一条信息是由字组成，而字是由字母组成一样)，以及在 A 上定义的一个概率分布所构成(例如 p 是表示 A 中字母的使用概率分布，如 $p_i=p(a_i)$ 表示 $a_i\in A$ 在数据中出现的概率)，此时的信源用 $[A,p]$ 表示，在数学上，它可以看作一个概率空间，有时也用

$$(a_1,a_2,\cdots,a_n;p_1,p_2,\cdots,p_N)$$

表示，其中 $p_i\geqslant 0$，$\sum_{i=1}^{N}p_i=1$. 在 $[A,p]$ 中，每个元素 $a_k\in A$ 所产生的信息量用 $I(a_k)=-\log p(a_k)$ 来定义，这个量称之为自信息，其中 $p(a_k)$ 为 a_k 的出现概率，而自信息的平均值，即

$$-\sum_{k=1}^{N}p(a_k)\log p(a_k)\xlongequal{\text{记作}}H(A)$$

$$\left(P(a_k)\geqslant 0,\sum p(a_k)=1\right)$$

就称为信源 $[A,p]$ 的熵，其中对数取 2 为底时的单位称为比特(bit)，以 10 为底时的单位称为迪西特(decit)，以 e 为底时的单位称为奈特(nat). 熵有一系列的性质. 在熵的概念的基础上，可以引进一系列其他的概念：条件熵、平稳信源、遍历信源、平均熵、信道、传输速率以及传输容量等等. 信息理论关心的是在由信源传送到接收端时，可能产生的错误如何估计？在以上诸概念的基础上，可以得出信息论的基本定理：给定一个具有(平衡传输)容量 $C_s>0$ 的平稳、无记忆信道以及取自一个遍历信源的任意数据，则对任一 $\varepsilon>0$ 和 $R(0<R<C_s)$，存在具有充分大的长度 n 的编码信息 $(a_1,a_2,\cdots,a_N)$，它以 R 为传输速率传送有关数据，同时译码错误的概率 λ_n 小于 ε. 它是说，在一定条件下，有一个以一定的传输速率传送数据且译码错误不超过给定容许误差的，具有相当长度的编码信息. 上面有关的词"平稳"、"无记忆"、"遍历"、"传输速率"都有严格的数学含义. 这里不去严格叙述.

上述定理的逆定理在一定意义下是成立的. 它是说在基本定理所假设的信源与信道的条件下，若 $R>C_e$ 则当编码长度 n 趋于无穷大时，译码的错误概率 λ_n 不收敛于零. 这里的 C_e 是"遍历传输容量"，与 C_s 有所不同.

信息论的基本定理证明了理想编码的存在，那么，怎样形成理想编码过程也都为许多数学家所研究. 关于编码，也有一套数学理论，它称为编码理论(Coding Theory). 这个理论的研究目的是构造适用于高效率地进行信息输送的代码. 在信号通过无噪声信道传输的情形下，与此有关的仅是传输速率(字符/秒)的最优性. 信息论已经给出了理论上的分析. 而当信息传输带有误差时(在战场等复杂的环境下，这是很自然的事)，自动检错与纠正等等具有明显的实际重要性. 检错的一种简单方法是增加一位数字 b_0，以扩大每一个代码字 $b_1,\cdots,b_n$，使得各位之和$b_0+b_1+\cdots+b_n$等于某指定基数 q(一般 $q=2$)的倍数. 这样，此 $n+1$ 位数出现的单个错误可以由检验它们的和而得到察觉. 通过添加更多的数字，则可检查出更多的错误，而且在某些情况下还可予以纠正. 当然，附加了这些位数也显然降低了传输速率. 于是由此提出了运算复杂性问题——包含编码、译码并加上检错与纠正的运算，它们到底需要的运算次数是多少?

各类编码法，如以概率论为基础的随机编码法等等都在研究发展之中. 另外，如纠正密集错误的代码也在研究中.

以上只是就信息的传送所涉及的数学问题，而作为 C^3I 网的设备本身，还会提出一些别的数学问题. 例如，在战争环境中，通信网络最为敌人注意，并易于受到破坏，因此，自然会提出 C^3I 网的生存能力问题. 由于战争是带有突发性的，因此，可靠性理论、突变论等数学方法都可以得到应用.

C^3I 网是带有"智能化"的，它可以做一些辅助性的决策，并将决策方案在屏幕上显示，以便供司令员最后选择. 因此，作为 C^3I 网的"灵魂"，大量的各类软件便被制作出来，其中当然要用到"人工智能"等技术以及决策理论等数学方法.

5.3 指挥需要决策

作战是一件重大的事情，它关系到数量众多的战士的生存. 正因为如此，司令员在下达命令时，都是要经过深思熟虑方可. 孙子兵法一开始就谈到"始计"这一篇，以后又谈到"谋攻""兵势""虚实""九变"诸篇，这些都是告诉司令员在指挥时，必须审度战场态势，灵活机变地做出正确的决策.在一定意义上,孙子兵法是一部谈论在战争中如何进行决策的书.

作为现代数学的一个分支的决策理论,也十分适用于作战的研究.特别是可用决策分析(Decision Analysis)的方法来辅助决策.所谓决策分析,就是合理地分析含有不确定性的决策问题时所使用的一类方法(概念、程序).这类方法所能讨论的问题有些什么特征呢?概括地说,大致上有:

(1)多目标.其中这些目标却又往往互相矛盾,如何进行权衡选择?

(2)受时间的影响.其中有一些影响的效果可能在若干时候才能显示.

(3)有许多不能量化的因素.

(4)不确定因素较多.

(5)为了了解决策问题的实际情况而进行的抽样调查以取得样本信息的方式可能很多,如何进行获取?

(6)所要决策的问题是动态的.

(7)决策产生的影响涉及面广泛.

(8)决策者往往是多人.

针对以上特征的这类问题,人们发展了决策分析的方法,其具体做法大致为:

(1)面对所要讨论并进行决策的问题,提出一组适当的目标并给出衡量其相应有效性的标准或方法,用以表明决策者所拟采取的供选择的方案(或措施)能够达到所提目标的程度.对每个供选择方案的取舍是以其所产生结果的有效性的度量为准.

当然,对所决策问题所涉及的方面,其历史发展概况、现状及未来趋势应做尽可能的调查.

(2)对各备选方案所可能产生的结果,尽可能做出估计,例如,把与备选方案有关的诸不确定性尽可能定量化,并对备选方案所可能产生结果出现的概率分布做出客观估计.

(3)根据各可能结果的效果(效益、效用),确定它们的优劣顺序.这是一件困难的事.因为可能是多个目标,因此涉及多个有效性之间的权衡，这常常取决于决策者的意图、倾向．当然，对这些，我们都要尽可能予以定量化．

（4）综合由以上几步所得的信息，最后做出何者是最佳方案的判断，并且在必要时作出"灵敏度"分析．这里的灵敏度分析是指该方案的条件有某些"微小"变化时对结果产生的影响．

这种决策分析，关键在于决策者对每一特殊方案、措施所产生的可能结果的出现的概率有比较清晰的了解；同时决策者对每个可能结果产生的效应有自己的明确判断标准．这样，决策分析就给决策者提供了科学的方法．

让我们回过头来看看作战．孙子兵法"始计"篇指出，打仗要考虑五个因素："一曰道，二曰天，三曰地，四曰将，五曰法．"所谓"道"，是指规律、法则，这里指是否举国一心，同仇敌忾．所谓"天"，是指气候条件．所谓"地"，指地域地形．所谓"将"，指统帅的素质、智慧．所谓"法"，是指军队的编制、法度等等．一场战争，在未进行决战之前，总是要反复对比、研究这些因素有利于哪一方，以探索双方胜负的可能，并进行正确的决策．这些因素总是随着时间和战争的进行而变化着．

在具体讨论战争时，决策问题的上述 8 个特征都能表现出来．例如，双方的作战目的可能多种多样，有的可能只是警告、威慑对方；有的则是攻城略地，夺取军事斗争中的"优势"；有的可能是以歼灭对方有生力量为主．有些是数种目的兼而有之．有一些目标可能相互矛盾，例如在战斗中同时要争夺三个城镇 A，B，C，占领每一个城镇都需要一定数量的兵力方可．在有限兵力的条件下，同时想达到这三个目标便成为不可能．因此需要进行权衡．又如在作战中，往往有时从战场上抽调一部分部队到另一地区或者开辟另一战场，如解放战争期间刘邓大军突然渡过黄河，千里跃进大别山，当这支军队南渡黄河之时，蒋介石万万没有料到半年之后竟成为插入自己腹地的一把利剑．又如第二次世界大战期间，美国总统罗斯福决定研制原子弹时，当时未必能看清楚这件事对第二次世界大战的结束以及对大战后数十年内国际政治、军事斗争的深刻影响．

双方交战时，有一些因素是可以量化的，例如双方的军队数量、双方的经济实力、国土面积等等．然而有一些因素的确难以量化．人们常说:“得道多助,失道寡助.”这是指国际舆论常常以其道义的力量,对侵略者进行谴责,对被侵略者以道义上的支持.对这种力量加以量化,却存在困难.又如民心,士气,也是难以量化的.而这些因素在一定程度上对于决策却起着重要作用.

作战中确有许多不确定因素.这不仅指气候的变化,在何地与敌人遭遇,或何时突然受到袭击,也包括民心的向背、国际舆论的支持与否、盟友或敌人之间的变化,甚至新式武器的出现等等.所以在作战前,要尽可能对诸不确定因素了解调查清楚,否则便会盲目行动了.孙子兵法指出为君为将之忌:“不知军之不可以进,而谓之进,不知军之不可以退,而谓之退,是为縻军(即束缚、牵制军队).”意思是说不该进攻而强令进攻,不该退却而强令退却,都会使自己的军队受到束缚和损失.

为了尽可能了解不确定因素出现的可能,以及敌方的措施、兵力部署等等,就要进行各种预测或侦察活动,或在平时便开展有针对性的军事演习以及各类作战模拟训练,以便获得必要的信息,尽量做到“知彼知己”.

至于战争进行过程中,双方的行动都是随时在变的,是动态的,因此要灵活用兵,知道变通.孙子兵法说:“水因地而制流,兵因敌而制胜.故兵无常势,水无常形,能因敌变化而取胜者,谓之神.”就是说能根据敌情变化而采取正确指挥取得胜利的,就是用兵如神.

决策分析所讨论的问题的其他两个特征,在许多军事决策问题中是显然的,不再赘述.

对于军事中的决策问题,孙子兵法中早就指出怎样进行分析,在“九变”篇中说:“是故智者之虑,必杂于利害,杂于利,而务可信也.杂于害而患可解也.”就是说英明的将帅考虑问题,是兼顾利与害两个方面,想到有利条件,可坚定信心,想到不利因素,可消除祸患.现代的决策分析方法也恰恰是不断地进行计算、对比、排序、择优,其思想方法实质是相仿的,只不过现代的决策方法使用了大量的数学方法和高速的计算工具而已.

现代决策分析中,使用过许多方法,其中有一种常用的是决策树的方法.这是一种把决策过程用树状图表示出来的方法.这种树由节点和枝干构成.节点分为两种,方框表示决策节点,圆圈表示随机节点.在枝干旁用文字或数字进行说明决策的情况.典型的决策树如图5.3所示.

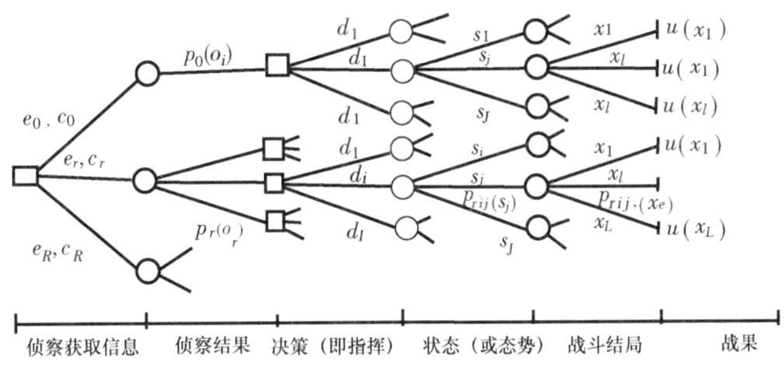

图 5.3

我们不妨来解释这个图.设想红蓝双方即将进行一次战役.红方指挥员为此先派出侦察分队进行侦察(侦察方式可以很多,如用卫星、飞机、直升机、派遣深入敌人纵深的小分队……),这要用一部分兵力(同时也耗费部分物资).设侦察方式共有 $e_0, e_1, \cdots, e_r, \cdots, e_R$ 种,相应的耗费或代价(人员,物资)分别为 $c_0, c_1, \cdots, c_r, \cdots, c_R$.经过侦察所得结果设为 o_i,(实际上的可能结果可能有 $o_1, \cdots, o_t, \cdots, o_T$ 等多种.不过,采取某种特定侦察方式,可能只侦知或推断出某一、二种结果).对所有这些可能的侦察(敌情)结果的真实、可信程度作一个估计.对于采用 e_r 的侦察方式所得各种结果的概率用 p_r 来描述,它是一个条件概率.在指挥员或参谋判定是哪一种(敌情)结果后,指挥员可以由 $d_1, \cdots, d_I$ 等共 I 种决策方案中选取一种决策 d_i,一旦这种决策实施(即按此方案进行兵力部署并进行战斗),便会产生某种交战状态.用军语说,便形成某种态势.这种状态可能有 $s_1, \cdots, s_j, \cdots, s_J$ 种.例如,红军攻占某要地,战场具有较大优势,或红军略占优势,或红军处于劣势……当然,在侦察方式为 e_r,推测敌情(即结果)为 o_t,而做出决策(即指挥)d_i 的条件下,出现了态势(即状态)s_j,这是一种概率事件,此时的条件概率用 $P_{rti}(s_j)$ 表示.在这种态势下,经过双方交战,会产生不同的战斗结局 $x_1, \cdots, x_l, \cdots, x_L$.这类结局与红军指挥员、战士的指挥、作战有关,也与蓝军的将领及士兵的指挥作战有关,甚至还会和气候、地形等因素有关.在此时产生战斗结局为 x_l 的概率可记作

$P_{rtij}(x_l)$，显然，它也是条件概率. 每一类战斗结局的出现自然伴随着相应的战果. 这些战果可以用不同的标准来衡量，例如攻占了多少军事要地，歼灭了多少敌人，产生了什么政治影响，破坏了敌方多少经济设施，等等. 当然，自己也会有相应的损失或伤亡. 在估计战斗效益时，应该一并加以考虑. 这种综合所得的战斗效益，用"函数"$u(x_l)$表示，我们常称 $u(x_l)$为效用函数.

显然，在上面的描述过程中，$u(x_l)$实际上出现的可能为$P_{rtij}(x_l)$. 因此，在态势(即状态)s_j 时红方的期望效益应是

$$\int_x u(x_l)P_{rtij}(x_l) \xlongequal{\text{记作}} \bar{u}_{rtij}$$

这里$\int_x$ 表示关于战斗结果 x"求和"——离散情况下是相加，在连续情况假设下为求积分. 再向前推一步，采取侦察方式 e_r，推断敌情(即侦察结果)为 o_t，采取指挥方案(即决策)为 d_i 时的期望战斗效益便是

$$\bar{u}_{rti} = \int \bar{u}_{rtij} p_{rti}(s_j)$$

式中的记号的解释仿上. 指挥员在所述的 e_r，o_t 等前提条件下，选取决策方案的标准，一般是选用效果最好的，此时记

$$\bar{u}_{rt} = \max_{d_i} \bar{u}_{rti}$$

显然，指挥员应取与 $\bar{u}_{rt}$ 相对应的指挥方案 d_i. 如果再考虑侦察方式，显然可选出"最优侦察方式"，它由

$$\bar{u}_r = \int_0 \bar{u}_{rt} p_r(o_t)$$

确定.

不过，在进行作战时，为了尽可能了解敌情，所以侦察手段常常不厌其多. 虽然如此，指挥员总可以从某种他认为是最可信的侦察结果作为决策的基础.

请注意，我们所述的决策过程，实际上是在战斗之前进行探讨、计算、比较的，即孙子兵法中所说的"庙算"(庙算是指在战前君主与将领聚于庙堂召开军事会议，讨论作战计划)阶段. 许多态势以及战果都是在设想之中，这些交战状态以及某些战斗结局出现的概率都是主观估计的. 虽然在作这些估计时，指挥员及其参谋们根据他们掌握的资料作出尽可能真实的判断，但不论如何，总是带有主观或先验成分，所以

这些条件概率 $p_r(o_t)$，$p_{rti}(s_j)$，$p_{rtij}(x_l)$ 等等统统都是“先验概率”(或主观概率). 如何去掉这种人的主观成分? 或如何对先验概率进行校正使之更近于真实? 在实际上，军队可能会注意收集对方的一切资料:军队的编制、构成、武器装备、训练素质、部队作战的历史与作风、传统、主要指挥员的气质、素养、过去的战斗经历及指挥特点等等，加以分析、整理，并贮存于计算机中，以备在制订作战方案时进行参考. 采用数学方法时，是利用各种方式(如通过作战模拟、军事演习或实地交战)取得各种资料，采用贝叶斯决策方法(Bayes Decision Method)来进行修正，计算出修正后的概率(称为“后验概率”)并进行运算、比较.

总之，指挥，实际上就是一种决策. 一位优秀的指挥员，应该是一位英明的决策者.

5.4 两军相逢勇者胜

这是刘伯承元帅在指挥大军南渡黄河、千里跃进大别山时说的一句话. 这说明一支部队的士气是非常重要的. 我国古代军事家早就认识到这一点，并讨论了如何利用敌人的士气变化进行作战的问题. 最有名的例子大概要算曹刿论战，以及项羽兵败垓下，羽卒闻汉军之楚歌而溃败等故事了. 孙子兵法在“军争”篇中也论及了“士气”，书中说:“三军可夺气，将军可夺心，是故朝气锐，昼气惰，暮气归. 善用兵者，避其锐气，击其惰归，次治气也.”所以指挥员和部队的政工人员既要激励自己的战士的斗志也要设法挫伤敌人的斗志.

我们能不能描述“士气”? 这是一个十分困难的问题. 将帅有各种类型，有猛如张飞的骁将，有老谋深算的诸葛亮型的智多星，当然，历史上也不乏贪生怕死畏敌如虎的“将军”. 因此，我们可以把指挥员分作三种基本类型. 勇战型、稳重型、怯战型. 假如以投入的兵力和期望取得的战果来进行描述，可以画出他们心中的效用曲线(图 5.4).

对于勇战型的将军来说，投入少数兵力便期望取得较大战果，或认为自己的部属是精兵良将，以之对敌可以一当十，他们的效用曲线往往是向上凸的. 稳重型的将军也许经过细心推算，他们对战果的估计可能更冷静(当然也许更真实)，他们的效用曲线往往是直线，认为

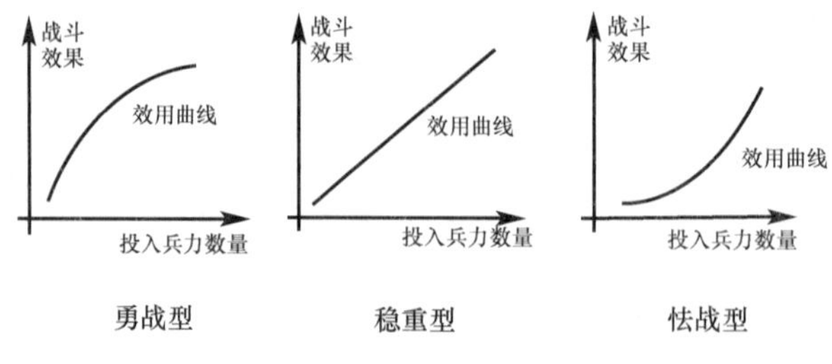

图 5.4

期望的战果与投入兵力的数量成正比. 怯战型可能过高估计敌人的力量,因此,即使为取得一些小的战果也往往会使用较多的兵力,他们的效用曲线往往是向下凹的.

实际上,一些将军的效用曲线很可能是以上三种基本类型的组合.《三国演义》中曹操手下的名将张郃,协助曹洪据守汉中,起初也是张飞型的一员猛将,以后多次败在张飞、黄忠等蜀将手下,锐气挫尽,便主张坚守,此时他的效用曲线便是勇战型与怯战型的结合. 当然,也有虽多次战败仍然锐气不减、期望取胜者. 如春秋战国时代的秦将孟明视,三次败于晋军,但并不泄气,终于在第四次秦晋两国进行决战时大败晋军,为秦国雪耻. 组合的情况也有不同,有的将军先勇后怯,有的却先怯后勇,有的又对某些军队很勇,而对另一些军队却很怯战,情况确实千变万化.

描述将军们的气质,或说明军队的士气,"勇气"是很重要的,能否予以度量? 我们不妨这样来设想,设有一位将军(设是勇战型的),原来确有把握杀伤敌人的数量为 $w+r$,如果策略上做一些变化,有可能再增加的杀伤数为 h,假设 h 与 r 相比较小. 但这种策略的改变也可能失利,例如,不但不能增加杀伤数 h,连原来的战果 r 也失去了. 我们假设失去 r 的概率为 q. 因此,改变策略在一定程度上是冒险的. 这位将军会不会进行冒险?

让我们考虑比值 q/h,这是冒失去杀伤数 r 的概率 q 和杀伤人数 h 之比. 我们用它来衡量"勇气". 为数学上讨论方便计,不妨设 $q\to 0$,$h\to 0$. 在采用效用函数时,可假设

$$u(w+r)=qu(w)+(1-q)u(w+r+h)$$

这里 $u(w+r)$ 表示该将军在杀伤敌人 $w+r$ 时的战斗效益. 类似地可解释其余符号. 上式说明,杀伤 $w+r$ 的效益可看作杀伤 w 及杀伤 w

$+h+r$ 的效益的概率平均. 在这种假设下,可推出

$$\frac{q}{h}=\frac{u(w+r+h)-u(w+r)/h}{u(w+r+h)-u(w)}$$

令 $h\to 0$,得

$$\lim_{h\to 0}\frac{q}{h}=\frac{u(w+r)}{u(w+r)-u(w)}\xlongequal{\text{记作}}b(w,r)$$

我们用 $b(w,r)$ 来作为勇气的度量.

可以证明,在这个假设下,一方的勇气如果减小,另一方的战果便会增加. 有关的数学讨论过程此处略去了.

由此可见,"气可鼓而不可泄",加强部队的思想政治工作是非常重要的了.

5.5 军队的日常管理与指挥

不仅在战时的司令部工作涉及许多数学问题,即使在平时,司令部的工作也离不开数学方法,其中最常为人们使用的是统筹方法与网络技术.

我们知道,一支部队,例如集团军,其内部由多种兵种构成,平时各有自己的职责范围,一旦有什么紧急行动,若指挥不当,便会造成混乱. 上面说的网络技术,可以用来制定并实现合理的行动实施计划. 这种计划能够预见行动将在最短时间内以最经济的力量得以完成. 在实施过程中,用网络技术还可以发现和评定行动中的薄弱环节,并在行动的组织过程中进行必要的修正.

让我们举一个例子. 假如某地发生突发性的自然灾害,如森林大火,地震或山洪暴发等,某集团军接到命令,派两个分队去执行救灾任务. 这时把这项工作逐一分解为不同的事项,我们可以把它们进行编号并罗列在表 5.1 中.

表 5.1　　救灾工作任务分解列表

事项代号	事项名称
a_0	集团军指挥员得到上级关于救灾的命令
a_1	集团军指挥员指定人员组成救灾指挥部
a_2	救灾指挥部根据灾情拟订救灾任务与决定
a_3	把决定及任务传达给分队Ⅰ
a_4	把决定及任务传达给分队Ⅱ

（续表）

事项代号	事项名称
a_5	分队Ⅰ遂行任务准备完毕
a_6	分队Ⅱ遂行任务准备完毕
a_7	分队Ⅰ遂行任务(救灾)
a_8	分队Ⅱ遂行任务(救灾)
a_9	救灾指挥部了解分队执行任务情况并协调两分队救灾工作
a_{10},a_{11}	两个分队继续执行救灾任务
⋮	⋮
a_{N-1}	救灾任务完成,指挥部向集团军首长汇报
a_N	集团军首长向上级报告救灾情况

指挥部组成后,立即编制工作一览表,并绘制救灾工作的网络图.这种工作一览表,应将工作名称、工作时间、紧前工作与紧后工作列出表来.这里说的某项工作的紧前工作,是指在紧排在某项工作之前的那些工作,换言之,只有做完某工作的紧前工作才能做某项工作;同样,某项工作的紧后工作是紧随某项工作之后的工作.把这些工作之间的逻辑顺序找出来,我们便可编制救灾工作的网络图.

下面是工作一览表5.2.

表5.2　　救灾工作一览表

工作代号	工作名称	工作时间/天	紧前工作	紧后工作
A_{01}	指挥部成立,并收集灾情、资料	1/2	—	A_{23},A_{24}
A_{012}	定出救灾行动方案,准备救灾物资器材			
A_{23}	向分队Ⅰ下达救灾任务	1/24	A_{012}	A_{35}
A_{24}	向分队Ⅱ下达救灾任务	1/24	A_{012}	A_{46}
A_{35}	分队Ⅰ做准备工作并开赴灾区	1/3	A_{23}	A_{57}
A_{46}	分队Ⅱ做准备工作并开赴灾区	1/3	A_{24}	A_{68}
A_{57}	分队Ⅰ遂行救灾任务	1	A_{35}	A_{79}
A_{79}	分队Ⅰ向指挥部汇报	1/48	A_{57}	
A_{68}	分队Ⅱ遂行救灾任务	1	A_{46}	A_{89}
A_{89}	分队Ⅱ向指挥部汇报	1/48	A_{68}	
$A_{9,10}$	指挥部向分队Ⅰ部署救灾新任务	1/24	A_{79},A_{89}	$A_{10,12}$
$A_{9,11}$	指挥部向分队Ⅱ部署救灾新任务	1/24	A_{79},A_{89}	$A_{11,12}$
⋮	⋮	⋮	⋮	⋮
$A_{N-2,N-1}$	救灾任务完成,指挥部向集团军首长报告救灾工作	1/4	$A_{N-3,N-2}$	$A_{N-1,N}$

注:在分队执行救灾工作过程由A_{23}到$A_{9,11}$的任务可重复多次.

根据表 5.2,可绘制网络图如图 5.5 所示.

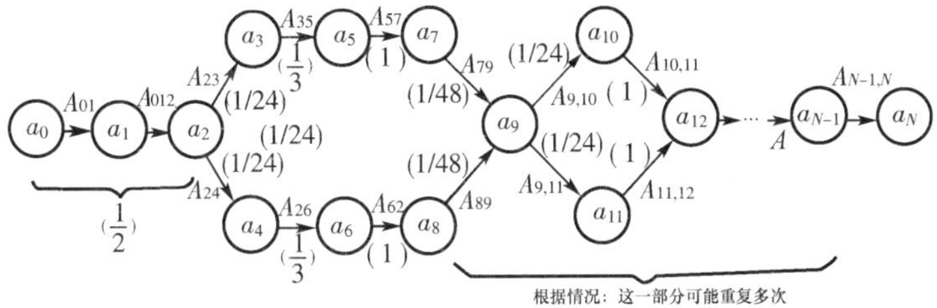

图 5.5　工作网络图

这类网络图是由工作和事项两类要素构成(可参看书):“工作”是指实行某一措施,如集团军司令部命令组成救灾指挥部,小分队执行救灾任务等.工作应有起始状态和最终结果,并要消耗物资和时间.我们在网络图中是用箭头表示工作,箭头上注有工作的编号和工作的持续时间(在图中加上了括号).工作的起点或终点叫作事项,如指挥部成立,小分队已开赴灾区等等.事项不是工作,因为不需要消耗时间.在图中事项用圆圈表示,圈内标有事项的代号.这类网络图的特点有:

(1)所有进入某事项的工作未完成之前,该事项不可能发生;

(2)某事项未出现之前,由该事项引出的任何工作也不能开始,如指挥部未成立前,不可能指定某分队参加救灾;

(3)任一紧后工作开始的时刻不可能比所有它的紧前工作结束时刻更早.

人们可以编制网络图,并用以分析工作的进展情况.例如救灾,因为是涉及人民生命、财产的大事,当然以迅速、完善为标准.虽然我们在网络中,对每件工作都估计了完成的时间,但实际上很可能出现意外.例如在准备救灾器材或药物过程中,某项设备或药物稀缺.又如在森林灭火过程中,原来以为三天能扑灭的,不料死灰复燃,某处又起火等等.当然,也可能十分顺利,原定三天的任务,两天便圆满完成了.为此,在计划过程中,会对累计的工作持续时间为最长的一条完整的线路加以注意(例如在上述救灾过程中,1,2 两分队原计划五天便可完成任务,从而整个救灾工作连同布置与总结,预定在一周之内完成,但实际执行时,可能有意外情况).网络图上这样一条由最初事项到最终事项的诸条线路中时间最长者,通常称为“关键线路”.在关键线路上,工作的任何推迟都会增加整个过程的时间.这条关键线路经过的事项和工作都叫作“紧张事项”和“紧张工作”.这是因为在关键工作上的总机动时间和自由机动时间都是零.不位于关键线路上的线路便是不紧张线路,在这些线路上的事项和工作的机动时间称为“不紧张线路的总机动时间”.这时,分析网络图的构成,可以查明位于不紧张线路上的工作机动时间,利用它们,进一步调整或安排好关键线路上那些能决定整个结束时限的工作,使之缩短完成紧张工作的时间.这实际上就是网络技术所要解决的问题.

在网络技术中,对工作时间的估计十分要紧.完成一项工作,依照规范,可能需要一定的时间,但在实际执行时却会有顺利与不利之分.所以如果 i、j 分别是紧前和紧后事项的编号,(i,j)表示由事项 i 到事项 j 的工作,t_{ij} 表示(i,j)的持续(工作)时间,我们令

$t_{i,j,n}$——正常情况下按规范完成(i,j)的工作时间;

$t_{i,j,\max}$——最不利情况下完成(i,j)的工作时间;

$t_{i,j,\min}$——最有利情况下完成(i,j)的工作时间.

这样,我们在估计(i,j)的工作时间时,可依以下经验公式确定:

$$\bar{t}_{i,j}=\frac{t_{i,j,\min}+4t_{i,j,n}+t_{i,j,\max}}{6}$$

$$\sigma_{ij}=\frac{t_{i,j,\max}-t_{i,j,\min}}{6}$$

这里 $\bar{t}_{i,j}$ 为完成(i,j)的期望时间,σ_{ij} 为决定工作持续时间的均方差.在这些情况下,我们可据此给出按计算的时间限定而实现事项 j 的概率,它的公式为

$$p_j=\Phi\left(\frac{T_n-T_p(j)}{\sqrt{\sum\sigma_{ij}^2}}\right)$$

其中 Φ 为拉普拉斯函数:

$$\Phi(z)=\sqrt{\frac{2}{\pi}}\int_0^z e^{-t^2/2}\,dt$$

T_n 为实现事项的规定时限,$T_p(j)$为事项 j 的最早实现时间.

显然,利用网络技术,可以使工作有条不紊地进行.

从我们以上所谈的几个侧面看,司令部的工作也处处晃动着数学的影子.也许,我们的参谋们,指挥官们有一天会对数学产生浓厚兴趣.这使我们不禁想起为什么过去法国的统帅拿破仑那么偏爱数学,看来是有一定道理的.我们相信,未来的指挥官和参谋们必然是指挥-技术型的人才.

六　经济和国防

列宁曾经说过："要认真地进行战争，就必须有牢固的和有组织的后方."在历史上，由于物资匮乏和秩序混乱而毁灭的军队，要比被敌人打败的军队多得多.特别由于现代战争中军队众多，技术兵器复杂，需要兵器物资的大量消耗.所以，一个国家没有强大的经济力量，要想有巩固的国防，那简直是不可想象的事.

6.1　兵者，国之大事

孙子兵法中第一句话便是："兵者，国之大事，死生之地，存亡之道，不可不察也."就是说战争关系到人民的生死，国家的存亡，当然要十分慎重.

的确，战争带给人民的灾难实在是太令人惊心了.第二次世界大战虽然已经过去了40多年，但是年龄大一点的人都不会忘记他们遭受的苦难.据估计，抗日战争中，中国人民死去了两千万人，仅日寇在南京大屠杀，便杀死了数以十万计的中国人民.至于被战争破坏的财富，更是无法计数.其实，侵略国的人民也深受其害，广岛和长崎两座城市，几乎被原子弹夷为平地；德国在第二次大战后遍地废墟，最近结束的两伊战争，8年内双方共耗费了八千亿美元.

我们曾在前面讨论过一个设想中的核战争.假如在作出打核战争的决策时，就想到了对方的报复，和由此而带来的自己一方的损失，那么也就应考虑到自己的国家在核大战之后经济怎样恢复.这件事可以通过计算机模拟进行研究.我们可以用图6.1来描述经济恢复的计算机模拟过程.

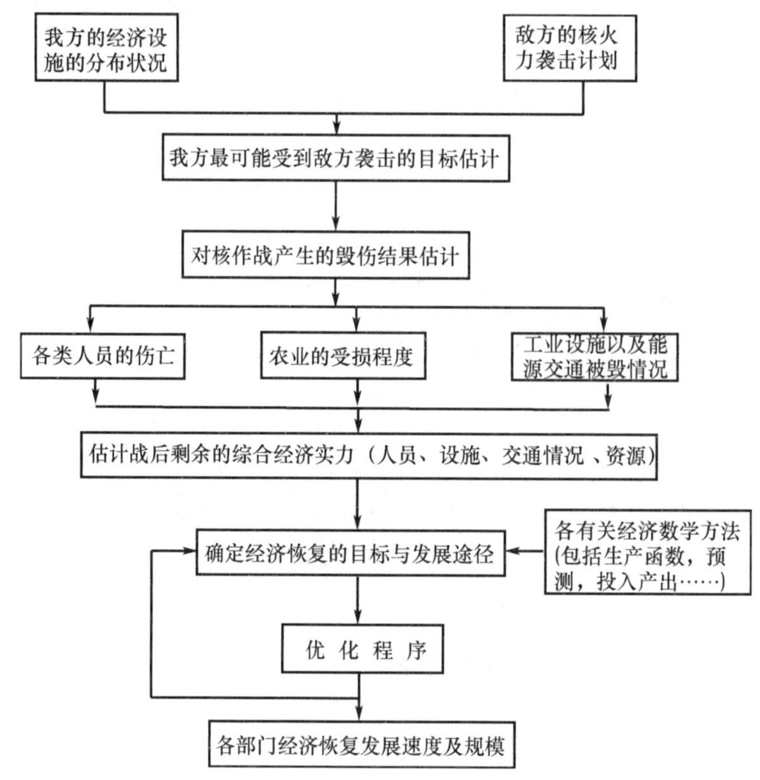

图 6.1

在这个框图中,还应对核大战所产生的一些滞后的效应给予充分的估计.例如,核弹头虽然主要是针对一些军事设施或城市目标进行攻击,一般不会对大片耕地或草场进行轰击,然而由于核爆炸引起大量烟尘遮蔽天空,挡住阳光而形成的“核冬天”,将会对农业、牧业生产带来致命的打击,一些带放射性的微粒到处飘散,对人类和生物的健康带来威胁,可能很快会遇到饥荒、疾病蔓延、大批人民死亡.所有这些效应往往是爆炸后的数天或数月中才显现出它的严重后果.这在制订经济恢复的计划时,是不能不考虑到的.

敌人到底攻击我方哪些城市或军事目标,这当然不能确切知道.但是,可以做多种设想,并且进行多次模拟计算,以进行比较.显然,在编制这类经济恢复的数学模型时,可以用到许多运筹学的方法、经济数学特别是计量经济学的方法、统计学的方法以及其他等等.

上面是讲核战争.可能有的人以为,今后遇到最多的是使用常规武器的战争.其实,即使这样的战争,也要在战前予以充分估计.例如：

(1)能否很快便结束战争？回顾第二次世界大战后的历史可以看

出，能迅速结束战争的，往往是双方实力比较悬殊的．如以色列与周围阿拉伯国家的几次战争；印度收复果阿；印尼吞并东帝汶，以及英阿马岛之战等等．在能迅速结束战争的前提下，交战国双方所得的效益——军事的、政治的、经济的——是什么？与所付出的代价相比是否值得？

(2)假如不能迅速结束，一场旷日持久的战争的后果——人员伤亡、财富损失、军事物资消耗、政治上的影响，以及对经济的冲击是什么？

不幸的是，一场旷日持久的战争对任何国家都会是一种沉重的负担．如美国以联合国名义发动的朝鲜战争，20 世纪 60 年代的美国与越南之间的印度支那战争，苏联参与的阿富汗战争，以及越南与柬埔寨之间的柬埔寨战争，最后都不得不通过谈判来解决．

(3)假如必须停止战争，那么，何时停下来最好？当然，停战的问题比较复杂，它不仅取决于双方仍拥有的实力，以及是否能够从对方那里得到某些妥协或让步，有时往往还和政治家们的"声誉"联系在一起．所以，重大战争的停战，常常是在继任者手中实现的．如杜鲁门时期爆发的朝鲜战争是在艾森豪威尔任内停火的；约翰逊任内的越南战争是在尼克松任内结束的；勃列日涅夫派兵入侵阿富汗是在戈尔巴乔夫任内才撤军的．继任者都认为那是一场错误的战争．既然如此，为什么事先不能充分估计？为什么不能及时停止战争？

所有这些都说明战争是关系国家的头等大事，不可不慎！因而在战前对可能的战争进行预测是完全必要的．这将是一个综合性的研究课题，它涉及政治、军事、经济、科技、社会诸领域，自然，也要用到数学方法．我们认为，可以建立以下的数学模型：

(1)根据交战国双方的综合国力和冲突的性质与利益大小，预测战争的规模、持续交战时间及所花费的代价．

(2)若为短期战争，双方所得的期望效益是什么？双方是否愿意为此付出所需代价？有无第三者进行调停的可能？

(3)若为长期战争，双方要付出长期代价，严重影响到国力，战争发展的趋势可能有．

a．甲方取胜；b．僵持；c．乙方取胜．

那么,出现某种结局的可能性有多大?

(4)在长期战争中,一方可能取胜的情况下,若另一方要求停战,那么何时提出停战(即最优停战时间)?若双方是对峙状态,那么何时可由第三者出面调停并进行谈判?即这里有一个最优停战问题与谈判问题.

(5)在长期战争中,双方的国力消耗如何?各自人民对战争的忍受程度如何?

这些问题均可以利用对策理论中的冲突分析、重复对策、随机对策或马氏过程来进行讨论.

6.2 无止境的军备竞赛

翻开历史可以看到,当某个国家强大起来之后,往往形成对另外一些国家的威胁,再加上经济、政治、信仰等种种原因,产生与邻国的冲突并进而发展成战争,邻国怎样才能避免侵害呢?孙子曰:"昔之善战者,先为不可胜,以待敌之可胜."又说:"无恃其不来,恃吾有以待之."这就是说先进行备战.于是也就引起了军备的竞争.

能否用数学来描述军备竞赛?

假如有 A、B、C 三个国家(更多的国家也可同样描述,只不过我们这个小小的星球上有北约、华约两大军事联盟以及其他独立于这两个联盟的其他军事力量,故不妨假设为"三国"之间的竞赛),各拥有一部分军事力量(包括其潜在的军事力量).但他们又都感觉到其他国家力量的增强所带来的威胁.因此,他们的军费的变化应取决于以下几种因素(这里,假设三个国家的经济发展水平相似,因而其货币价值可视为相同):

一个国家军费变化率=由于国内经济建设或其他需要而抑制本国军费的增加+由第一个邻国军力增强带来的威胁+由第二个邻国军力增强带来的威胁+其他国际因素所产生的影响.

对于第一项,我们可假设这三个国家已走上军备竞赛的道路,因而都拥有数量庞大的军队.国家要为此支付一笔可观的军费,因而引起国内一些人士的反对,要求抑制军费.假设为此而减少军费的量与其现有实力(用军费表示)成正比,若 A,B,C 三国军费各为 a,b,c,设

$\lambda_a, \lambda_b, \lambda_c$ 分别为对三个国家的军费增长的抑制系数，那么，军费的变化可设为：

$$-\lambda_a a, \quad -\lambda_b b, \quad -\lambda_c c$$

对于第二、三两项，由于国际间的斗争十分复杂，甲国虽与乙国为敌，但与丙却可能保持适度的"友好"，如此等等．因此，不同国家之间的边界上所部署的军队数量未必相同．现设 A 国感受到（估计）来自 B 国的威胁与 B 国的军事实力（用军费表示）成比例，比例系数为 μ_{ab}，那么，A 国由于 B 国的威胁而需增加的军费数可设为 $\mu_{ab}b$，类似地，由于 C 国的原因而增加的军费数为 $\mu_{ac}c$，如此等等（这里 μ_{ac} 的含义与 μ_{ab} 类似）．

世界上当然不止此三个国家，考虑到其他国家的因素，可能三个国家还均需分别增加军费 g_a, g_b, g_c．于是，我们可列出如下的方程组：

$$\frac{\mathrm{d}a}{\mathrm{d}t} = -\lambda_a a + \mu_{ab} b + \mu_{ac} c + g_a$$

$$\frac{\mathrm{d}b}{\mathrm{d}t} = \mu_{ba} a - \lambda_b b + \mu_{bc} c + g_b$$

$$\frac{\mathrm{d}c}{\mathrm{d}t} = \mu_{ca} a + \mu_{cb} b - \lambda_c c + g_c$$

这里，我们得到的是一个线性方程组，并由此讨论解的性态，以此说明军备竞赛中各国力量的变化，以及解的稳定性——这象征着军备的竞争达到一个平衡阶段．

在上述方程中，诸系数 $\lambda_a, \lambda_b, \lambda_c, \mu_{ab}, \mu_{ac}, \mu_{cb}$ 是可以进行调节的，其中有一些是和国内的经济力量、人民对发展军备的态度、政治家和战略家对国际形势的认识等有关．

二次世界大战后，世界上以美苏两国为首的两大集团展开了旷日持久的军备竞争．先是美国拥有原子弹，之后苏联也有了，后来苏联首先发射了人造卫星，美国随即迅速赶上来……现在，人们又在讨论"星球大战"与"反星球大战"．据估计，把里根的 SDI 计划实现起来，可能要至少花去一万亿美元．这一场竞争带给美苏两国人民的是什么呢？首先是对各自的经济发展带来了障碍．在第二次世界大战刚结束的年代，美国是世界的首富，几十年过去，日本、西德等国的经济力量迅速崛起，美国的经济实力已大为削弱，其生产率与经济增长率往往处于资本主义世界的发达国家中的最低之列．日本等国之所以能迅速发展，因素固然很多，但没有沉重的军费负担也是原因之一．苏联也同样，由于经济原因，需要减少军费开支，正是在这个政治背景之下，美苏之间在最近达成了禁止使用所有中程核导弹的条约，并且得到批准．现在双方还在进行所谓的削减战略武器会谈，这一会谈的首要目标是双方各自削减 50％的远程导弹弹头．这个会谈表现出某些明显的进展，许多观察家对削减核武器的前景表示乐观．

不过，我们也不必高兴得太早，因为双方这种削减武器的谈判所拟定的协定，仍允许各方都保留自己最先进的多弹头导弹，以及其他先进的武器．由于一个现代化的核武器能运载多个弹头，所以，美苏的任何一方都不可能在第一次打击中完全摧毁对方的核力量，并由此赢得战争．这样一来，双方都会禁不住首先使用(如果国际的紧张形势使得这些首脑们认为必须使用核武器的话)核武器．因此，我们也不能排除这样的看法：双方只是为了减少沉重的军费开支而减去实际上多余的一部分武器装备，裁减多余的部分，丝毫不会“削弱”双方的军事实力．

军备竞赛事实上并未停止．人们正在研究定向能武器、各种粒子束武器、动能武器、隐身技术与反隐身技术，等等，并在努力使得战场自动化．上述所提到的武器，从试制成样品到进一步使之完善并装备部队投入使用，还有一个相当的过程．在此漫长过程中，又会耗费大量的资源和资金．例如美国文森斯号巡洋舰上装备有一套耗资 12 亿美元、被称为神盾(Aegls)的现代化防空系统，它能跟踪面积如同美国得克萨斯州大小的上空数百个空中目标，执行战斗管理任务，甚至能启动执行作战程序，应该说是十分先进的．然而 1988 年 7 月 3 日，该舰在波斯湾却犯了一个可怕的错误，它误将伊朗的一架客机——空中客车，认作一架敌方的喷气战斗机，从而将其击毁，引起了国际上的轩然大波．如果这种误判确为“神盾”系统所做出，那么，如何判别目标是敌还是我，抑或为友，就是一个十分重要的问题了．不幸，目标识别问题仍是一个十分困难的问题，因为在一触即发的战争状态中，一颗流星、一块空中碎片或一颗卫星都可能被认为是敌方的攻击．所以，要使自己的防御系统“眼睛”更亮，判断更准，就会需要更多的更先进的机器设备和大量的软件.为了使它完善,还要进一步花去许多资金.要把“神盾”系统推广于战略防御系统(SDI),可能还有一个漫长的过程.各国仍将为改善自己的装备花去大量资金.这些资金如果用于发展经济、改善人类的环境、投资于教育,会使更多的人摆脱贫困和愚昧.

尽管军备竞赛并未停止,然而,裁减一部分武器装备和军队,总还是好事,至少,给国际上带来了缓和的气氛,对各有关国家的人民也会减轻经济负担.

6.3 采购计划与方式

长期的军备竞赛,使各国的军费开支愈来愈庞大.以美国为例,1951—1981年军费开支总计为22008.5亿美元,平均每年的军费开支为710亿美元;从1982—1986年,美国军费开支平均每年达到2500亿美元.这确实是一笔惊人的数目.于是提出一个问题,一个国家,应该怎样使用它的军费,怎样去采购武器?

在过去采用的一种简单的方法是,三军各自为政,陆、海、空三军各自有一笔经费,分散管理.这种方式对于军备发展处于较低水平的情况尚可适用,对于处于高度的军备竞赛、作战方式立体化日益增强的情况下,三军需要密切协调.因此,各自为政的方式便不适用了.

三军分管的弊端在于每年首先为分割经费而争吵,然后是各自为研究、发展自己的武器系统而投资,因而形成资金、人力分散,研究项目重复,效率不高,形成浪费.同时,三军只考虑军事需求而不考虑费用,没有从国防整体来进行计划.在这种情况下,美国提出了“规划、计划、预算”统一起来的新计划方法,即所谓PPBS方法.所谓PPBS,即规划(Program)、计划(Plan)、预算(Budget)、系统(System)四个词的英文字的头一个字母构成的缩写词.这是由美国前国防部长麦克纳马拉(McNamara)首先提出的.它的实质是设法用最好的分配方法,来分配有限的资源,以便获取最大的国防力量.这种方法的特点是:根据规划的要求和经费的限制,制订计划,并再加上注意横向和纵向的协调与综合平衡,使原先由各军兵种提出的互相重复、矛盾的军事规划成为有机的统一体,并使规划与预算互相脱节的现象得以克服,变成彼此密切联系.同时,由于在制订计划时运用了系统分析(或费用效益分析)的方法,对达到政策和战略目的的多种方案进行论证、分析、对比,就筛选出了费用少而效益大的计划方案.通过这个PPBS方法,可以达到几个目的:

(1)拟出一种"×年(例如5年)的防务计划",它既是(美国)国防部长对军队进行管理的根据,也是每年向国会提出预算方案的依据.

(2)提供了对财政预算、武器计划、兵力需求、军事战略和外交政策目标进行全面平衡的手段.

(3)使国家的最高首脑及机构能把注意力集中于某一个最重要的军事问题之上.

(4)为整个军队提供一个不论是财政上还是具体执行上,都切实可行的并充分估计了未来几年的一个防务计划.

编制规划、计划和预算的过程,大体可用图6.2的框图表示,其具体过程如图6.3所示的框图.

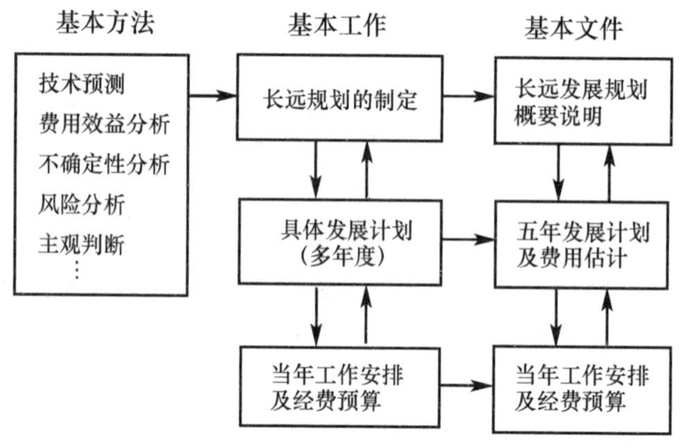

图6.2

PPBS方法的采用,使美国的国防费用的支出大为合理,1963年实行的结果,立即砍掉了好几项研究多年而仍未看到成效的武器系统,当年便节省了数以百亿美元计的军费,并把它们用于建设新的项目.

在PPBS中的基本方法里,提到的预测、费用效益分析、不确定分析、风险分析,仍然需要使用各类数学方法.

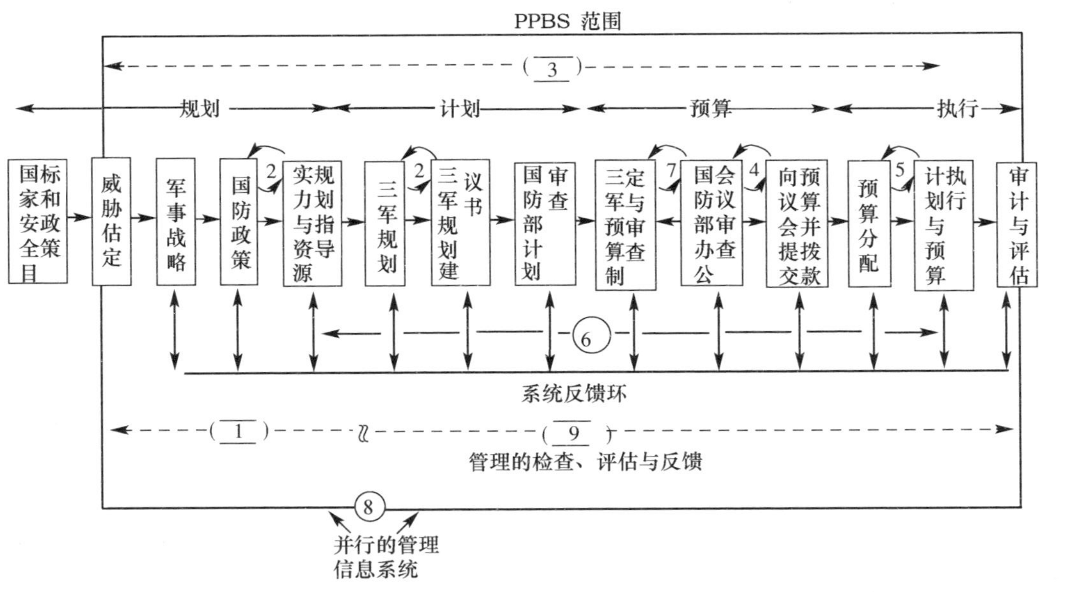

图 6.3

说明：1.规划、规划联系与计划与跨军种分析；2. 时间范围及超年的不确定因素；3. 规划、计划、预算系统的信息结构；4. 预算的提出与说明理由；5. 管理的灵活性与立法部门的控制；6. 时间规定与工作强度；7. 业务账目的计划性分析；8. 管理信息系统中的相容性。

6.4 国富，才能兵强

经过几次大战，特别是第二次世界大战之后，人们已经充分认识到战争的残酷无情，因而也越发珍爱和平. 因此，化干戈为玉帛，已经成为全世界绝大多数人民的心愿.

然而，在这个星球上仍然到处存在着冲突和危险. 这里有民族的、宗教的、经济的、政治的各种原因. 世界上仍然存放着大量的核武器，这些武器足以毁灭地球若干次. 新的武器系统仍在研究中. 现在远远不能说这个星球是太平的.

人们通过预测，研究过发生核战争的后果. 即使是只打击对方的军事设施，它带给普通人民的灾难仍然难以估计. 以美、苏为例，其重要军事设施的分布大多位于人口密集的地区，如美国的芝加哥、密尔沃基、菲尼克斯、盐湖城、旧金山、洛杉矶、华盛顿；苏联的莫斯科、圣彼得堡、海参崴(符拉迪沃斯托克)等地. 它们受到攻击后对普通平民的危害是非常严重的. 产生的放射性烟尘的随风飘荡，将会危及更大的地区. 正是由于这种严重的破坏性，才使得人们"理智"起来，终于使可怕的核战争迄今为止尚未发生.

然而仍然不能乐观. 我们既不敢说从此以后永远不会发生核战争(事实上，某些国家正致力于核弹头之小型化的研究和各类核武器的试验)，也不能从地球上根除仍然不时出现于世界各地的小型的、局部的、使用常规武器的战争. 我们要保卫自己可爱的祖国，因此，我们决不应放松警惕.

由于现代的武器的特点是愈来愈多地采用高技术，因而要有坚固的国防，就要有强大的经济与科技实力给予支撑，换句话说，在今后两个国家之间的较量，在一定意义上说是由经济、教育、科技、文化与军事综合起来的综合国力的较量. 因此，我们必须注意对综合国力的发展，尤其是对经济、教育、科技，一定要均衡协调地发展.

数学，是现代经济、教育、科技与军事发展中不可缺少的工具. 虽然许多数学家十分厌恶战争，例如法国的格罗森迪克(A. Grothendieck，1928—2014，菲尔兹(M. E. Fierz)奖获得者)听说苏联著名数学家庞德里雅金(L. S. Pontryagin)将数学用于军事研究而表示鄙视. 然而，战争被许多科学家(当然包括数学家)视为肮脏可怕的战争，仍不能被消灭.

怎么办？一个办法是做出必要的适当的准备，这就是孙子兵法中说的："无恃其不来，恃吾有以待之，无恃其不攻，恃吾有所不可攻也."另一个就是抓紧发展我们的综合国力，在我们目前经济力量还不够强的情况下，尤其是要注意经济、科技、军事兼顾，寓军于民，发展我们的综合国力.国富，才能兵强.

我们希望能有那么一天，让战争从地球上消失.我们希望所有的科学家(包括数学家)的努力都是为着人类的幸福事业.同时希望不再使科学家们，也包括格罗森迪克这样的数学家在内由于科学家们不得不参与军事的研究而感到遗憾.然而，这需要靠我们大家的努力，当然也包括数学家的辛勤劳动，才能达到.

世界和平，要靠我们大家来保卫.我们盼着有一天，学生们只能从历史教科书中才能了解到战争是什么.

人名中外文对照表

阿基米德/Archimedes
奥本海默/Oppenheimer
伯努利/Bernoulli
勃拉凯特/P. M. S. Blackett
德布勒/Debreu
狄恰斯垂/Dijkstra
尔朗格/A. K. Erlang
菲尔兹/M. E. Fierz
费米/Fermi
冯・诺依曼/John von Neumann
傅里叶/Fourier
格罗森迪克/A. Grothendieck
康托洛维奇/Kantorovic
拉包尔/Rabaul
兰彻斯特/F. W. Lanchester
列昂节夫/Leontief
马尔可夫/Markov
麦克纳马拉/McNamara
蒙特卡罗/Montcarlo
庞德里雅金/L. S. Pontrjagin
沃森-瓦特/R. Watson-Watt
香农/C. E. Shannon
伊萨克/R. Isaacs